DESSINS ET NOTICES

A DIVERSES CONSTRUCTIONS EN CIMENT

DE L'EXPLOITATION DE VASSY-LES-AVALLON (YONNE)

APPARTENANT A MM. GARIEL ET GARNIER.

IMPRIMERIE DE DUCESSOIS, 55, QUAI DES AUGUSTINS.

1845

AVIS DES ÉDITEURS. [*]

L'exploitation des ciments hydrauliques, dits *Ciments Romains*, a acquis en France une assez grande importance depuis 15 ans surtout; ces ciments eussent pris une bien plus grande place dans les constructions et réparations d'ouvrages hydrauliques, dans la restauration de nos monuments, et dans les travaux d'assainissement des villes, si les producteurs avaient pu en diriger et surveiller l'emploi consciencieux et intelligent.

Il n'en a pas été ainsi, car les applications si variées qui en ont été faites, ont été abandonnées presque partout à l'incurie d'ouvriers inexpérimentés; le besoin d'écouler du ciment l'a emporté sur le désir de bien faire, et la nullité des résultats est bientôt venue détourner le public d'employer une matière qu'il considère plutôt comme une pâture nouvelle pour la spéculation, que comme un produit destiné à apporter une grande amélioration à l'art de bâtir.

Ce qui a dû augmenter le discrédit causé par le mauvais emploi des ciments, est le charlatanisme avec lequel on est venu, de toutes parts, annoncer au public de nouvelles découvertes dont les merveilleux effets étaient aussi fabuleux que les noms donnés aux ciments nouveaux-venus, et dont le bon marché même devait augmenter la défiance de ceux qui, tant de fois déjà, avaient été dupes de cette amorce trompeuse.

MM. Gariel et Garnier, dont la longue carrière a été employée à des constructions hydrauliques, ne se sont pas bornés à soigner la fabrication et la vente du ciment de Vassy qu'ils exploitent sur une large échelle depuis 14 ans; ils en ont, sans cesse, dirigé l'emploi qu'ils n'ont confié qu'à des chefs d'ateliers et ouvriers formés par eux de longue main et qui ont le plus grand intérêt, non à grossir les bénéfices de l'entreprise, mais aux bons résultats des applications qu'ils font presque toujours sous les yeux des chefs de l'exploitation.

C'est ainsi que MM. Gariel et Garnier sont parvenus à obtenir la confiance du public, et notamment celle de MM. les Ingénieurs des Ponts-et-Chaussées et de MM. les Officiers du Génie.

C'est dans ces deux corps si distingués qu'ils ont pu trouver non-seulement des encouragements honorables, mais encore des indications précieuses pour d'utiles emplois de leur ciment.

Ils ont rencontré une égale bienveillance chez MM. les Architectes, ceux surtout qui sont chargés de l'entretien et de la restauration des grands monuments et établissements publics.

Aussi sur tous les points où le ciment de Vassy a pu avoir accès, le trouve-t-on servant à la restauration des grands ouvrages hydrauliques, tels que tunnels, ponts, bassins-maritimes, quais, écluses, et des vieux monuments sur lesquels les siècles ont laissé de fâcheuses empreintes.

Les immenses ouvrages d'assainissement de la ville de Paris ont, sous la direction des savants et habiles Ingénieurs chargés de ce service, reçu des améliorations qui en perpétueront la durée, et en augmenteront l'utilité de la manière la plus remarquable.

Le recueil que publient MM. Gariel et Garnier est loin de renfermer le dessin et la description des ouvrages sans nombre faits par eux avec leur ciment; la nomenclature seule en serait trop longue; mais ils présentent comme échantillon, ceux de ces ouvrages qui, par leur nature, leur évidence et les témoignages honorables qui les accompagnent, peuvent mieux faire ressortir tout le parti que l'on peut tirer d'une telle matière mise en œuvre avec des soins consciencieux et soutenus.

D'autres ouvrages de genres divers ont été, depuis quelque temps, éxécutés avec le ciment de Vassy, par les soins de MM. Gariel et Garnier; mais on ne doit les signaler aux hommes de l'art et au public, que lorsqu'ils auront subi les épreuves du temps.

[*] MM. Gariel et Garnier ont leur fabrique à Vassy-lez-Avallon (Yonne), et un grand établissement de construction et de dépôt, à Paris, quai Valmy, 33. Ils ont des correspondants dans tous les ports de la Manche et de l'Océan, et dans toutes les villes du centre, du Nord et de l'Ouest de la France.

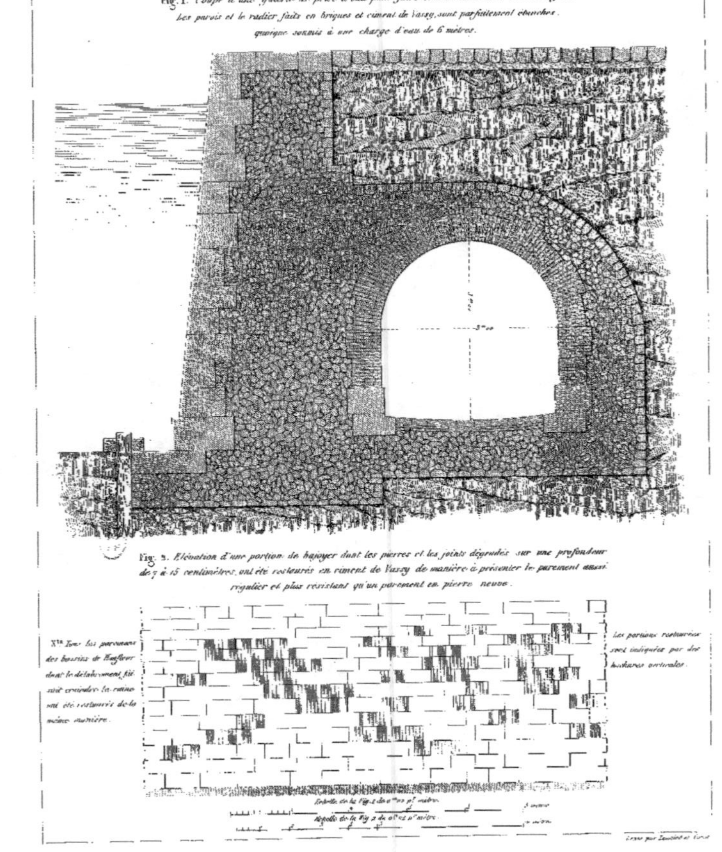

Fig. 1. Coupe d'une galerie de prise d'eau pour faire chasse dans le 3.e bassin à flot.
Les parois et le radier faits en briques et ciment de Vassy, sont parfaitement étanches,
quoique soumis à une charge d'eau de 6 mètres.

Fig. 2. Élévation d'une portion de bajoyer dont les pierres et les joints dégradés sur une profondeur
de 7 à 15 centimètres, ont été restaurés en ciment de Vassy de manière à présenter le parement aussi
régulier et plus résistant qu'un parement en pierre neuve.

SERVICE DES PORTS,

QUAI DE HONFLEUR ET DE CAEN.

L'Ingénieur en chef, chargé des travaux du port de Honfleur, certifie que des travaux considérables de rejointoiements et de reprises des parements des anciennes maçonneries ont été exécutés en ciment de Vassy, dans les bassins, les quais et les écluses du port de Honfleur par MM. Gariel et Garnier; que tous ces travaux ont été faits avec un soin tout particulier et une grande perfection, et que depuis trois années leur réussite a été parfaite.

Les anciens parements, construits en pierre de taille calcaire de qualité très-diverse, étaient avariés sur beaucoup de points : toutes les parties dégradées ont été reprises et rejointoyées; les parements détachés ont été refaits en ciment de Vassy et pierrailles, puis la surface dressée dans le plan des murs et les joints figurés. Tous ces ouvrages, dont la plupart ont trois et quatre années d'existence, ont parfaitement bien résisté à l'action de la mer et aux gelées; en un mot, les parements qui, avant le travail, semblaient tomber en ruine, présentent aujourd'hui l'aspect d'un mur neuf. Le ciment est devenu tellement dur qu'il résiste mieux au choc et au frottement des navires que la pierre elle-même.

D'autres emplois de ciment ont été également faits, pour scellements de bornes d'amarrage, d'organneaux, de crampons, etc., etc.

L'ingénieur en chef pense que ce ciment peut remplacer, dans le plus grand nombre de cas et avec grand avantage, le plomb, le soufre et les divers mastics.

Il présente sur ces matières l'avantage d'être parfaitement adhérent aux parties qu'il relie. Un seul fait en donnera la preuve. Les pierres d'une même assise d'une jetée en construction étaient toutes liées entre elles par des crampons en fer, scellés en ciment; un violent coup de vent enleva et jeta à la mer toute l'assise; les pierres furent retrouvées, reliées entre elles comme un chapelet par les crampons; pour celles qui étaient séparées, le fer ou la pierre avaient manqué, mais dans aucune le scellement ne s'était détaché.

Enfin on a encore fait usage du ciment pour étancher des aqueducs, des réservoirs et des écluses, et toujours l'on a été satisfait de son emploi. Mais l'on ne doit jamais perdre de vue qu'il faut qu'il soit employé avec le soin et les précautions convenables.

Honfleur, 5 mai 1842.

L'Ingénieur en chef chargé des travaux du port de Honfleur,

ALB. TOSTAIN.

Depuis le 5 mai 1842, date du certificat précédent, l'Ingénieur en chef soussigné a été à portée de faire faire de nouveaux ouvrages en ciment de Vassy, entre autres une grande galerie d'environ 200m de longueur destinée à conduire les eaux de la retenue aux écluses de chasse du bassin à flot en construction à Honfleur. Il a également fait faire des rejointoiements et des reprises de parement considérables sur d'anciens ouvrages en fort mauvais état. Il se plaît à reconnaître que tous les résultats obtenus ont été aussi satisfaisants que possible. Les rejointoiements précédemment exécutés et les reprises de parement faites en ciment, tant au port de Caen qu'à Honfleur, sont dans un état de conservation parfaite. Ils résistent là où les pierres de Ranville sont promptement détruites par les gelées. Ils semblent même arrêter sur plusieurs points la destruction des pierres gélives, en interceptant totalement les filtrations qui s'établissent par les joints ou les lits de la pierre.

Caen, le 22 janvier 1844.

ALB. TOSTAIN.

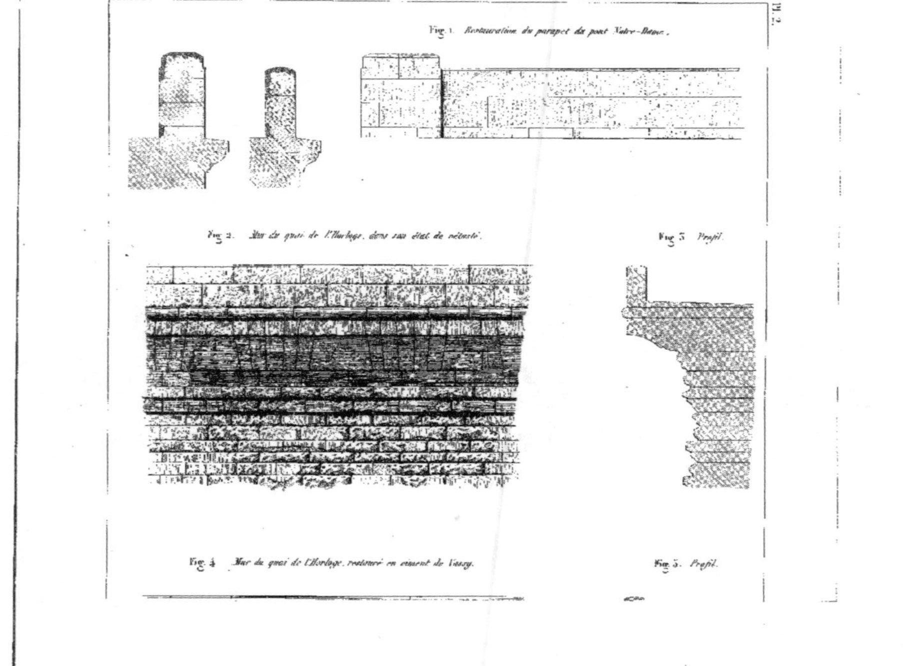

Fig. 1. Restauration du parapet du pont Notre-Dame.
Fig. 2. Mur du quai de l'Horloge, dans son état de vétusté.
Fig. 3. Profil.
Fig. 4. Mur du quai de l'Horloge, restauré en ciment de Vassy.
Fig. 5. Profil.

TRAVERSÉE DE PARIS.

Je soussigné ingénieur des ponts-et-chaussées, chargé de l'entretien et de la restauration des ponts de Paris, certifie que MM. Gariel et Garnier ont, pendant la campagne de 1843, exécuté en ciment de Vassy la reprise de toutes les pierres délitées des deux arches du Pont-Royal attenant aux culées et dans partie des tympans. *

Tous les enduits ont parfaitement résisté aux gelées et dégels successifs de cet hiver, et j'ai la conviction, tant d'après cet essai que d'après d'autres exécutés depuis plusieurs années au pont Notre-Dame et au quai de l'Horloge, que le ciment de Vassy peut être employé, avec un grand avantage et une immense économie, à la restauration des vieilles maçonneries de pierres de taille.

Je déclare, de plus, que dans tous les rapports que j'ai eus avec MM. Gariel et Garnier, j'ai toujours eu à me louer de leur loyauté et de leur habileté à diriger ces travaux qui exigent en première ligne, pour leur réussite, l'emploi d'ouvriers parfaitement expérimentés.

Paris, 15 février 1844.

DE LAGALISSERIE.

Vu par l'Ingénieur en chef des Ponts-et-Chaussées soussigné,

Paris, le 22 janvier 1844.

MICHAL.

* Pendant la campagne de 1844, la restauration du Pont-Royal a été complétée, et ce monument est aujourd'hui en aussi parfait état que s'il venait d'être construit.
Note des Éditeurs. (20 février 1845.)

PORT DE CORBEIL ET OUVRAGES DIVERS.

L'ingénieur des ponts-et-chaussées, soussigné, en résidence à Corbeil, chargé du service de l'arrondissement du sud-est dans le département de Seine-et-Oise,

Certifie que MM. Gariel et Garnier, entrepreneurs de travaux publics et de l'exploitation spéciale de ciment romain de Vassy-les-Avallon, ont exécuté, dans cet arrondissement, avec ledit ciment romain, savoir :

1° En 1841, le rejointement de la douelle, des têtes, des avant et arrière-becs de l'arche marinière du grand pont établi sur la Seine à Corbeil;

2° En juin et juillet 1843, les rejointements, les reprises et autres travaux nécessaires pour la restauration complète du pont des Belles-Fontaines ainsi que des deux ponts établis sur la rivière d'Essonnes dans le bourg du même nom, pour le passage de la route royale n° 7 de Paris à Antibes.

Les rejointements de 1841 comprennent une surface de plus de 800 mètres superficiels; ils n'ont été endommagés ni par les crues de la Seine, ni par les deux hivers de 1842 et 1843, et leur aspect ne laisse rien à désirer.

Les travaux de 1843 ont eu principalement pour but de restaurer, dans les trois ponts précités de la route royale n° 7, les assises au niveau de l'eau qui étaient rongées sur des profondeurs variables de 0^m, 10 à 0^m, 50, ainsi que des voûtes en meulière brute entièrement dégradées; cette restauration a été exécutée avec un soin et une précision dignes d'éloges, et on aime à croire que le temps ne fera que sanctionner la bonne opinion qu'on a conçue de la solidité de ces travaux.

Le présent certificat délivré à MM. Gariel et Garnier sur leur demande.

A Corbeil, le 3 février 1844.

GRENET.

Vu par l'Ingénieur en chef soussigné, qui joint son témoignage à celui de M. l'Ingénieur ordinaire,

Versailles, 21 juin 1844.

GAYANT.

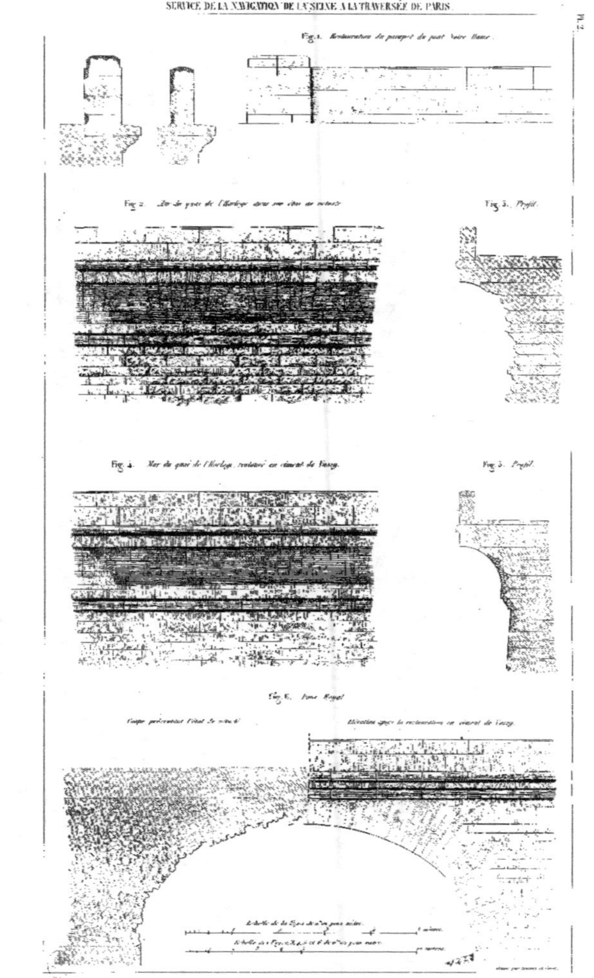
Fig. 1. Restauration du parapet du pont Notre-Dame.
Fig. 2. Vue du quai de l'Horloge élevé une côté en retraite.
Fig. 3. Profil.
Fig. 4. Mur du quai de l'Horloge, revêtu en ciment de Vassy.
Fig. 5. Profil.
Fig. 6. Pont Royal.
Coupe présentant l'état de vétusté.
Élévation après la restauration en ciment de Vassy.
Échelle de la figure de n° 6 pour mètre.
Échelle des figures 2, 3, 4 et 5 de n° 00 pour mètre.

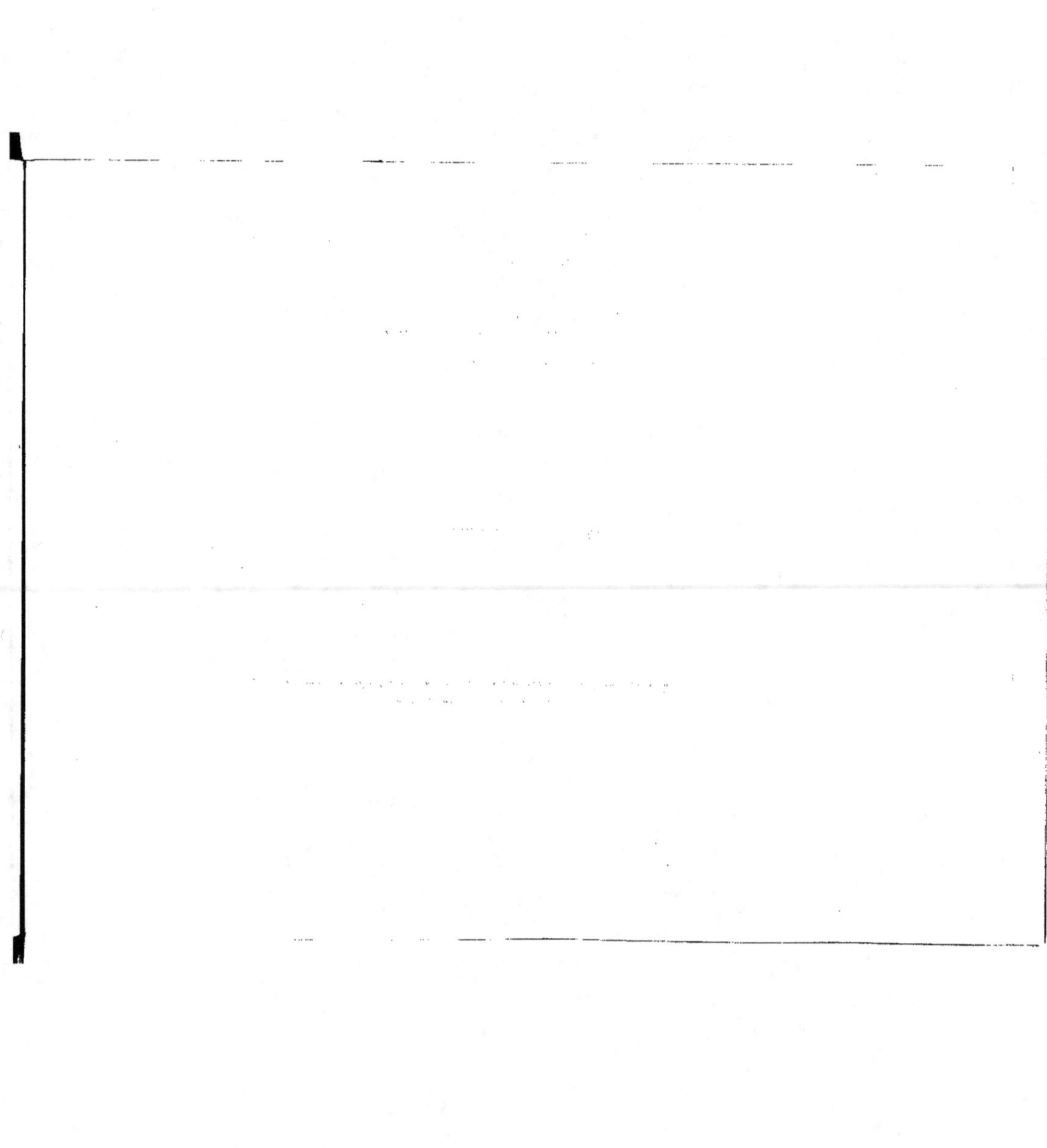

Pl. 3.

SERVICE DE LA NAVIGATION.

Canal du Nivernais (Yonne).

Fig. 1 et 2. *Restauration de l'écluse du batardeau, consistant en reprise de parements gelés et en un rejointoyement général, le tout fait en ciment de Vassy.*

Fig. 1. *Élévation du bajoyer droit.*

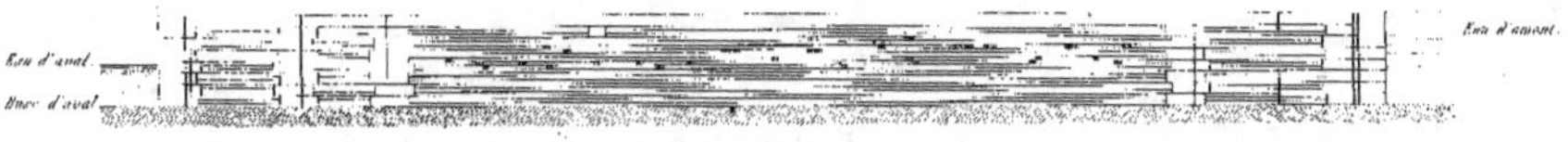

Fig. 2. *Élévation du bajoyer gauche.*

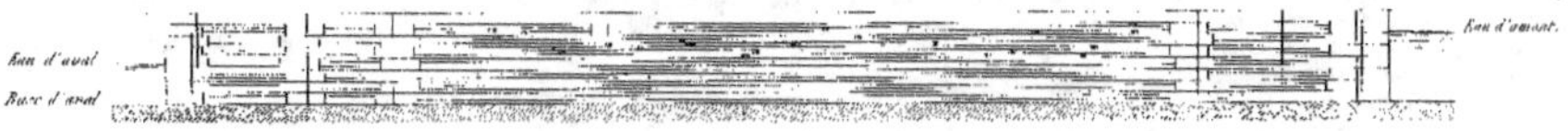

Fig. 3. *Profil du déversoir de Tannay restauré en ciment de Vassy.*

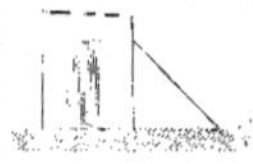

Fig. 4. *Élévation du déversoir du Petit Vaux, dont le parement aval presqu'entièrement gelé, a été restauré en ciment de Vassy.*

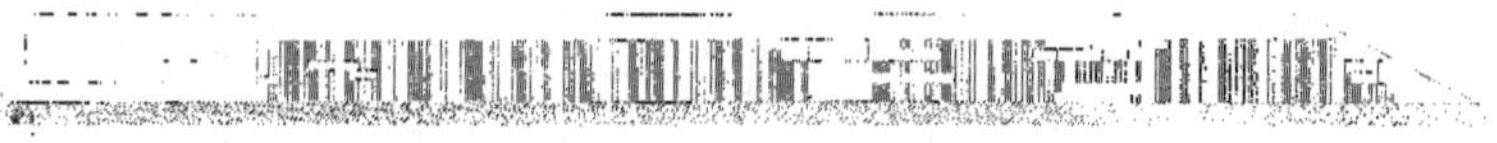

N.B. *Les parties restaurées sont indiquées par des hachures verticales.*

Échelle des Fig. 1 et 2 de 0m,005 p. mètre. — *Échelle des Fig. 3 et 4 de 0m,03 p. mètre.*

Gravé par Lemaître et Vanot.

CANAL DU NIVERNAIS (YONNE).

REPRISE DE PAREMENTS ET REJOINTOIEMENTS.

L'Ingénieur en chef directeur soussigné, chargé du service d'amélioration de l'Yonne et de la partie du canal du Nivernais comprise entre Auxerre et la limite du département de la Nièvre, certifie que M. Garnier, propriétaire de l'usine de Vassy près Avallon, a exécuté, comme essai en 1833, à l'écluse du Batardeau, la substitution de massifs isolés de ciment de Vassy, dans les parements des bajoyers de cette écluse, en remplacement de moellons gelés (fig. 1 et 2, planche 3), dont la surface, en cinquante-huit parties, est de 2ᵐ 70 c. environ, ainsi que les rejointoiements des parements de cette écluse, et que ces travaux sont encore aujourd'hui dans un parfait état de conservation. *

Il certifie, en outre, qu'en 1837 M. Garnier a fait des enduits seulement sur le mur déversoir du petit Vaux dont le parement, côté de la rivière, était entièrement détruit, si ce n'est l'appareil en pierres de taille et trente-trois moellons qui avaient résisté à la gelée (fig. 3, planche 3), et ces enduits sont encore aujourd'hui parfaitement conservés ;

Que le déversoir de l'Écluse de Toussat, côté de la rivière, sur une longueur de 30ᵐ, était très-endommagé. En 1840, on démolit son parement sur une épaisseur de 0ᵐ 55 ; on fit un massif de 0ᵐ 28 en ciment de Vassy, sur toute la hauteur de ce mur ; on reconstruisit ensuite le parement en moellons piqués avec mortier du même ciment (fig. 4), et le tout a également bien réussi.

En 1839, les travaux ci-après ont été exécutés par le même :

Les bajoyers des écluses de Ravereau, la Place et Coulanges étaient en mauvais état ; on démolit les parements sur 20ᵐ 20 de longueur, 4ᵐ 80 de hauteur et 0ᵐ 55 d'épaisseur. On reprit ces parements de même qu'au déversoir de Toussat : le tout a très-bien réussi et parfaitement conservé sa verticalité ;

Enfin, en 1842, une réparation du même genre a été faite au bajoyer gauche de l'écluse de Vincelles, par l'entrepreneur de l'entretien du canal, d'après les procédés de M. Garnier, et ce bajoyer est en très-bon état maintenant.

En foi de quoi le présent a été dressé.

Auxerre, le 17 avril 1844.

L'Ingénieur en chef, directeur,

BOUCHER DE LARUPELLE.

* Voilà une réparation qui remonte à douze années, et qui est d'autant plus remarquable que les reprises de parements, à la ligne de flottaison, sont aussi intactes que celles placées au-dessus de cette ligne.
Note des Éditeurs (20 février 1845).

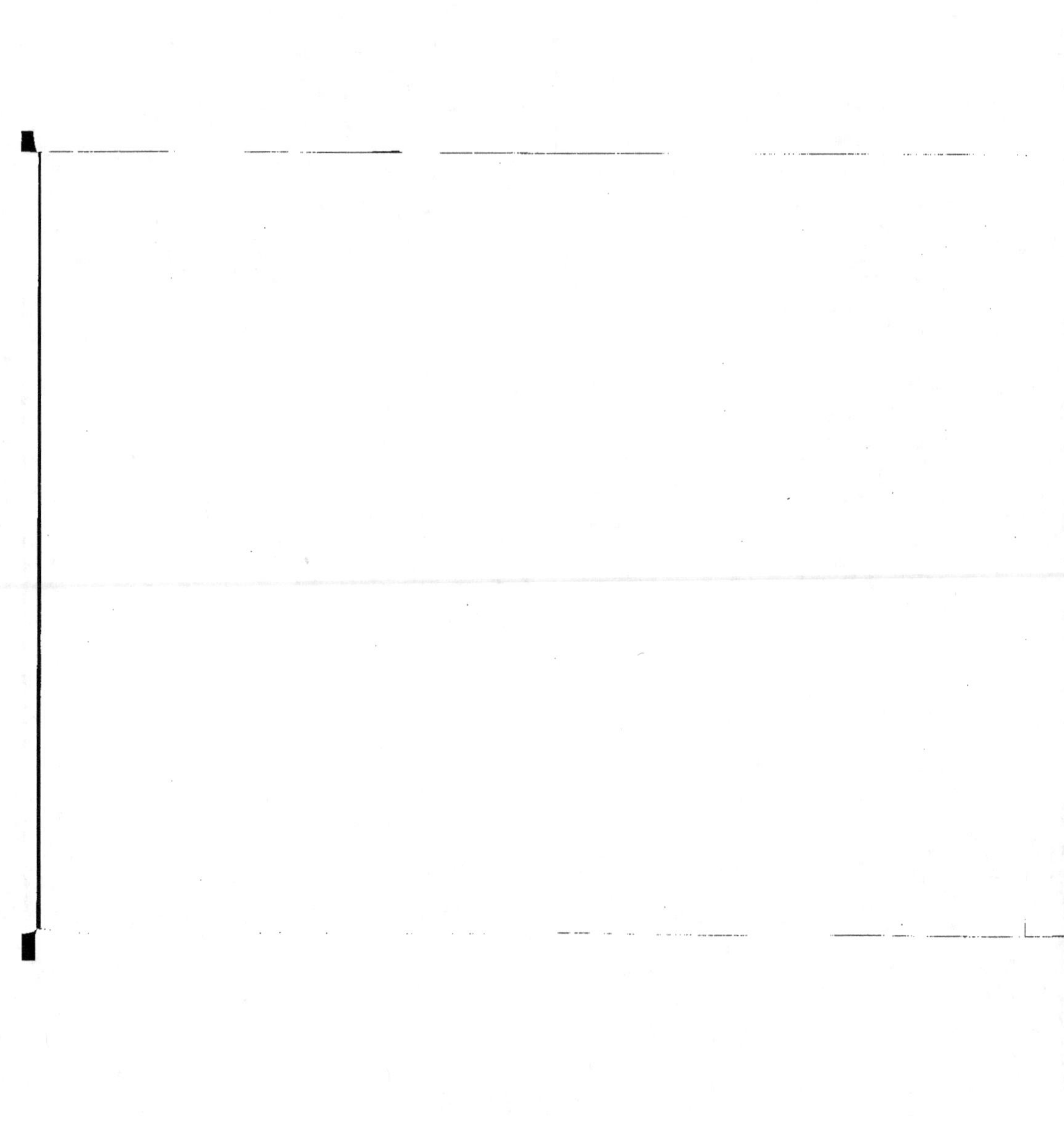

CANAL DU NIVERNAIS.

Fig. 1. *Élévation du Pont aqueduc de Montreuillon.*

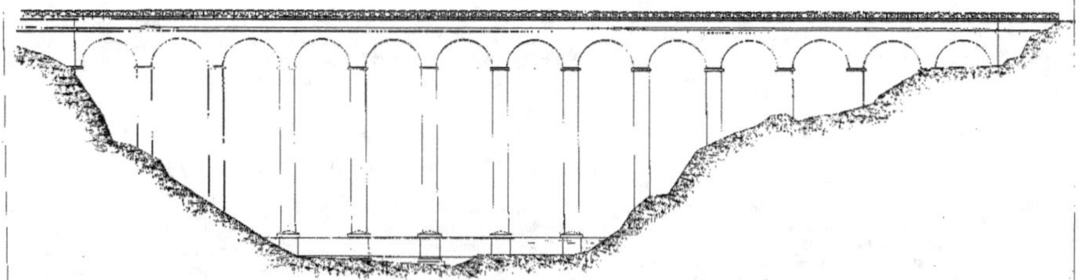

Fig. 2. *Coupe en long.*

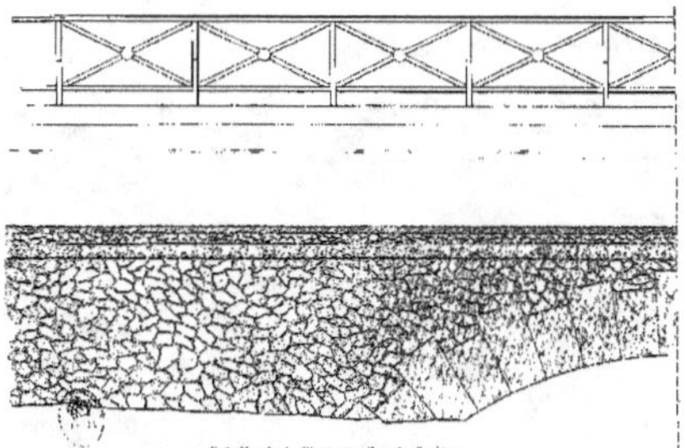

Échelle de la Fig. 1 de 0,003 p. mètre.

Fig. 3. *Coupe en travers*
présentant la bâche intérieure, de 0,03 d'épaisseur, en ciment de Vassy appliqué sur un revêtement de 0,60 en granit et ciment.

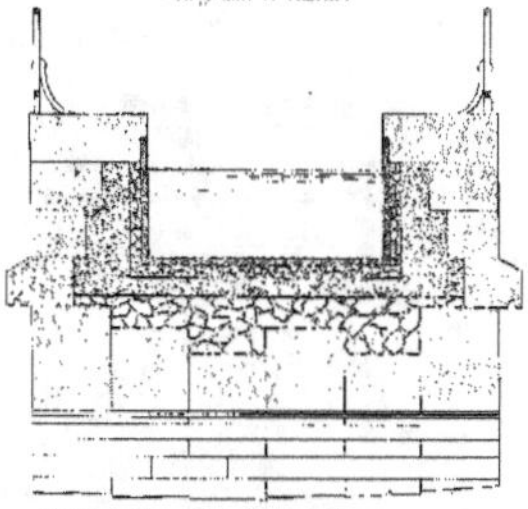

Échelle des Fig. 2 et 3 de 0,02 pour mètre.

PONT-AQUEDUC DE MONTREUILLON.

Je soussigné Ingénieur en chef des ponts-et-chaussées, en service au canal du Nivernais, certifie que le revêtement de la cunette du pont-aqueduc de Montreuillon a été fait entièrement en ciment romain, provenant de l'usine de Vassy; que ce revêtement, terminé en septembre 1843, n'a éprouvé aucune dégradation jusqu'à ce jour, quoique le pont soit situé dans une localité où les variations atmosphériques ont une très-grande intensité; enfin qu'il ne s'est montré sous les voûtes aucune apparence de filtration depuis que les eaux coulent dans la cunette.

En foi de quoi j'ai délivré le présent certificat.

Corbigny, le 20 avril 1844.

CHARIÉ.

REJOINTEMENTS DES MAÇONNERIES DE PAREMENT DES ÉCLUSES ET AUTRES OUVRAGES D'ART.

Je soussigné ingénieur en chef des ponts-et-chaussées, chargé des travaux du canal du Nivernais dans le département de la Nièvre, certifie que M. Garnier, directeur de la fabrique de ciment romain de Vassy-les-Avallon, a exécuté différents travaux de rejointoiement pour ledit canal, et notamment ceux des ouvrages d'art de la partie comprise entre Châtillon et Baye, sur près de 4 lieues de longueur, lesquels remontent maintenant à huit ans, et ont parfaitement réussi; que, s'étant soumis, pour ce travail, à un délai de garantie trois fois aussi long que celui ordinairement imposé aux entrepreneurs des ponts-et-chaussées, il a tenu ses engagements de la manière la plus satisfaisante; et qu'enfin, dans les relations que j'ai eues avec lui, il m'a toujours paru présenter toutes les garanties désirables pour le succès des travaux qui lui sont confiés.

Corbigny, le 8 janvier 1844.

L'Ingénieur en chef,
CHARIÉ.

REPRISE DE PAREMENTS, CHAPPES ET REJOINTEMENTS.

L'ingénieur en chef soussigné certifie que les maçonneries, chappes et enduits en ciment de Vassy, exécutés en 1835 et 1836 par M. Garnier, sur le canal du Nivernais, ont parfaitement réussi : les pertes d'eau du pont-canal de Mingot ont été arrêtées; des infiltrations dans les culées et les voûtes de quelques aqueducs sous le canal ont disparu; des écluses adossées à des coteaux remplis de sources laissaient passer des eaux à travers leurs bajoyers; ceux-ci ont été enduits extérieurement d'une chappe en ciment de Vassy, et ils sont devenus parfaitement étanches. Enfin des maçonneries nouvelles en ciment de Vassy ont été raccordées avec des maçonneries anciennes sur plusieurs mètres de hauteur, sans qu'on ait pu remarquer le moindre tassement.

Le soussigné certifie en outre que M. Garnier a exécuté ses travaux avec le plus grand soin et la plus grande loyauté, et qu'il est impossible de mieux remplir ses engagements.

Agen, le 5 janvier 1844.

L'Ingénieur en chef,
JOB.

V. d'autre part.

PONTS ET QUAI DE NEVERS.

Je soussigné, ingénieur en chef directeur, chargé du service du département de la Nièvre et du canal du Nivernais, certifie que M. Garnier a exécuté, dans le département, un grand nombre d'ouvrages en ciment de Vassy, notamment au pont et aux quais de Nevers, au pont de Gouloux, sur la route royale n° 77 *bis*, à tous les ouvrages d'art de la route départementale n° 13, à un grand nombre d'ouvrages importants du canal du Nivernais; que ces travaux ont été bien et loyalement exécutés, et que tous les enduits ou rejointoiements ont parfaitement réussi lorsqu'ils ont été faits en saison convenable; je certifie de plus que M. Garnier a toujours rempli fidèlement tous les engagements qu'il a contractés avec l'administration.

Nevers, 18 mai 1842.

FRISSARD, *Inspecteur divisionnaire*.

PONTS ET QUAI DE NEVERS, ET SERVICES DIVERS DES PONTS-ET-CHAUSSÉES,
DANS LES DÉPARTEMENTS DE LA NIÈVRE ET DES ARDENNES.

L'ingénieur en chef des ponts-et-chaussées, soussigné, certifie avoir employé, à diverses reprises et à un grand nombre d'ouvrages, pour rejointoiements et enduits, le ciment de Vassy-les-Avallon, et en avoir obtenu les résultats les plus satisfaisants.

Il certifie en outre que ces rejointoiements ont été, pour la plus grande partie, et notamment au pont et au mur de quai de Nevers, aux ouvrages d'art des routes royales n°° 7 et 77 bis, aux écluses du canal des Ardennes, etc., exécutés à la tâche par M. Garnier, avec garantie de deux et trois années de la part de cet entrepreneur; et que dans toutes les opérations de cette nature, il n'a eu qu'à se louer de l'exactitude, de la régularité et de la ponctualité avec lesquelles ledit M. Garnier a tenu ses engagements.

Mézières, le 30 mai 1842.

L'*Ingénieur en chef*,
BOUCAUMONT.

Le soussigné certifie que les réparations et rejointoiements exécutés en ciment de Vassy, aux ouvrages mentionnés ci-dessus, ont parfaitement résisté aux épreuves des deux hivers qui se sont écoulés depuis la date de l'attestation qui précède, et qu'aujourd'hui les murs de quais de Nevers, le pont de Myennes sur la route royale n° 7, celui de Saint-Amand, celui de Gouloux, sur les routes départementale n° 11 et royale n° 77 *bis*, présentent, sous le rapport des rejointoiements, après quatre années d'exécution, exactement le même aspect qu'aux moments où ces ouvrages d'art ont été terminés.

Nevers, le 1er février 1844.

L'*Ingénieur en chef*,
BOUCAUMONT.

CANAL LATÉRAL A LA LOIRE.

Je soussigné, ingénieur en chef des ponts-et-chaussées, certifie qu'en 1835 MM. Gariel et Garnier, directeurs de la fabrique de ciment de Vassy-les-Avallon, ont fait exécuter sous ma direction, au canal latéral à la Loire, divers travaux de rejointoiement sur des parements d'écluses et de ponts alternativement exposés à l'action de l'eau et de l'air; qu'ils ont garanti ces travaux pendant trois années, et qu'à l'époque où j'ai quitté le service dudit canal en juillet 1840, les joints exécutés étaient en bon état de conservation, sans qu'on eût eu besoin de les retoucher.

Que depuis 1836 jusqu'à ce jour, j'ai tous les ans demandé à la fabrique de Vassy, soit pour le service du canal latéral à la Loire, soit pour celui du canal de la Haute Seine, dont je suis aujourd'hui chargé, des quantités de ciment assez considérables, dont je me suis servi pour des travaux de rejointoiement ou pour faire des chappes et enduits verticaux; que j'ai été constamment satisfait des résultats que ce ciment a produits, et qu'aucun des ouvrages où il a été employé avec les précautions convenables n'a exigé de réparations; qu'enfin je n'ai qu'à me louer de la loyauté avec laquelle MM. Gariel et Garnier ont rempli leurs engagements avec l'administration.

Troyes, le 20 janvier 1844.

L'*Ingénieur en chef*,
LEBASTEUR.

Le soussigné, ingénieur ordinaire des ponts-et-chaussées, attaché au canal latéral à la Loire, certifie que M. Garnier, directeur de la manufacture de ciment romain de Vassy-les-Avallon, a exécuté, pendant les chômages de 1839, 1840 et 1841, des travaux de rejointoiement en ciment romain de Vassy-les-Avallon sur les parements vus de six écluses, avec garantie pendant trois ans; et que ces rejointoiements ont parfaitement subi jusqu'à ce jour leur épreuve; qu'il a exécuté pendant le chômage de 1843 des rejointoiements de même matière sur les parements vus de quatre autres écluses et de plusieurs aqueducs avec engagement de même délai de garantie, et que ces derniers rejointoiements n'ont eu jusqu'à présent aucune dégradation. Le soussigné certifie d'ailleurs que M. Garnier a montré, pendant tout le cours des travaux, le plus vif désir de remplir convenablement ses engagements.

Nevers, le 7 mars 1844.

L'*Ingénieur ordinaire*,
COUMÈS.

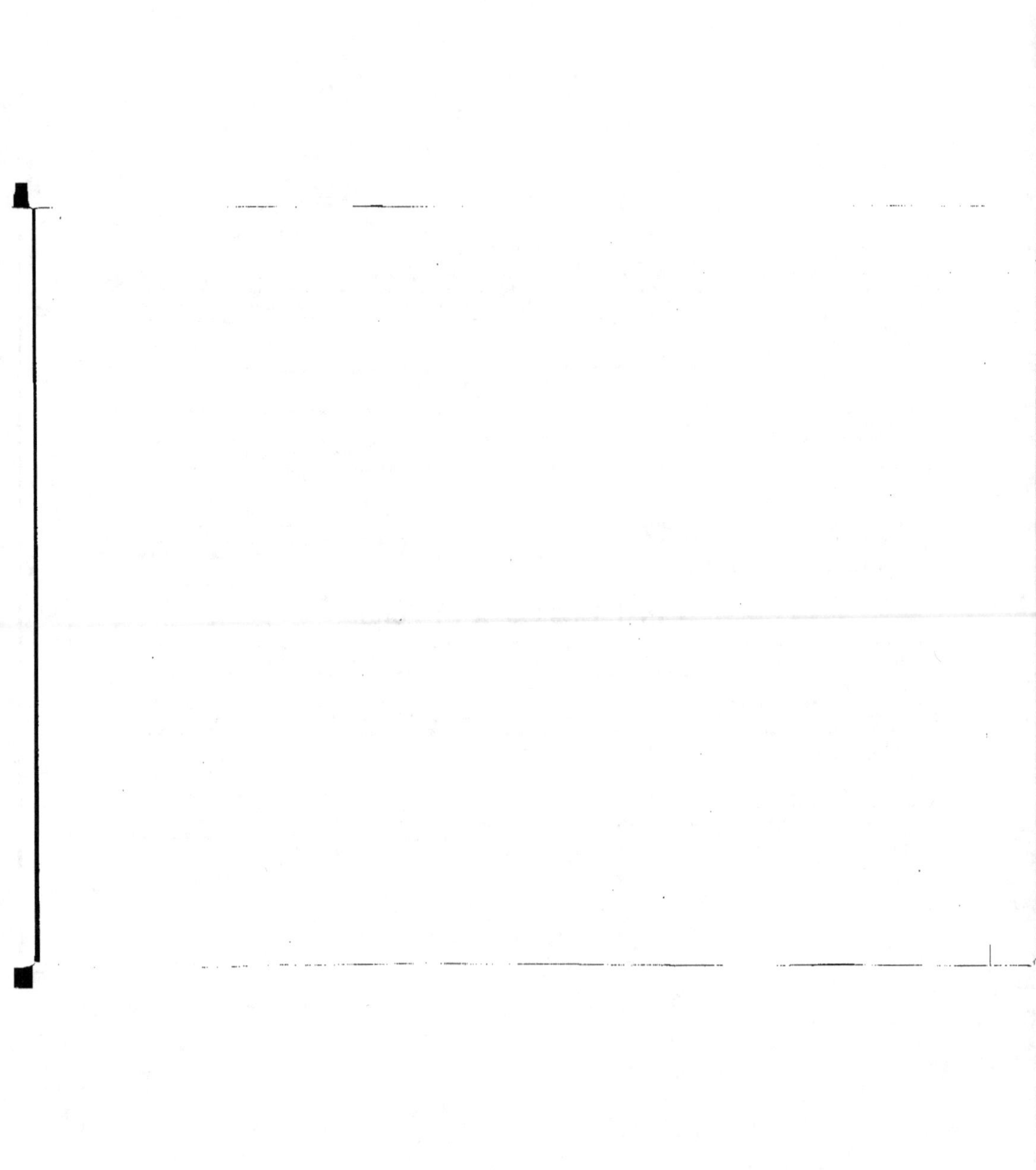

SERVICE DES EAUX DE PARIS.

Fig.1. Coupe longitudinale d'une galerie basse construite sous l'un des trottoirs du Pont de la Concorde et voûtée avec trois rangs de briquettes, de 0.^m3 d'épaisseur chacun, posées avec mortier de ciment de Vassy. Le radier est aussi fait en ciment de Vassy.

Fig.2. Coupe transversale en A.B. de cette galerie sous le trottoir.

Fig.3. Coupe en C.D. de la galerie sous le pavé.

Fig.4. Coupe d'une galerie ou prise d'eau faisant chasse pour le nettoyage des égouts à la suite de cette galerie.

Fig.5. Cunette en ciment de Vassy placée en 1842 sous les barrages d'abreuvement des Boulevarts.

Fig.6. Vue perspective d'une cunette.

Échelle des Fig. 1. 2. et 3. de 0.^m5 p.^r met.

Échelle de la Fig. 4. de 0.^m02 p.^r met.

Échelle de la Fig. 5. et 6. de 0.^m3 p.^r met.

SERVICE DES EAUX DE PARIS.

L'Ingénieur des ponts et chaussées, chargé du service des eaux de Paris, soussigné, certifie que MM. Gariel et Garnier ont exécuté sous sa direction, avec loyauté, habileté et succès, un grand nombre d'ouvrages où le ciment de Vassy joue le principal rôle. Il citera :

1° La voûte de la galerie construite pour le passage d'une conduite d'eau de 0^m 36 de diamètre, sous le trottoir amont du pont de la Concorde (Planche 5, fig. 1). — Cette voûte, en arc de cercle, a 0^m 90 d'ouverture, 0^m 15 de flèche et 0^m 12 d'épaisseur uniforme ; elle est formée par trois rangs de briques dites anglaises, posées de plat, à joints croisés, et hourdées en ciment de Vassy. Pour éprouver le degré de résistance dont la voûte est susceptible, la galerie a été prolongée sous le pavé de la place vers la Chambre des Députés. Aucun accident ne s'est manifesté depuis quatre ans que la construction est faite, malgré les fréquents passages de lourds fardeaux.

2° L'enduit général des parois intérieures d'une portion d'égout près de la barrière Blanche, pour former un réservoir d'eau destinée à des chasses (Planche 3, fig. 4).

3° Les restaurations des parties dégradées de diverses fontaines publiques, notamment de la fontaine du marché Saint-Jean (Planche 6, fig. 1, 2 et 3).

4° L'égout ou rigole en contrebas du radier de la galerie Saint-Laurent (Planche 6, fig. 4). — Cet égout est destiné principalement à assainir la galerie autrefois inondée par des eaux souterraines. Les piédroits sont construits en prismes de ciment et meulière, ils ont 0^m 12 d'épaisseur. La voûte est composée d'un seul bloc de béton de ciment; elle a 0^m 09 d'épaisseur à la clef.

5° Les scellements des consoles en fonte qui supportent les conduites placées dans les égouts (Pl. 6, fig. 6).

6° L'enduit des parois inclinées au 1/10ᵉ d'un des grands bassins de la rue de Vaugirard sur une hauteur verticale de 5^m. Cet enduit, fait, il y a trois ans, à une époque fort avancée de la saison des travaux, a supporté même le premier hiver sans aucune avarie.

La confiance du soussigné dans l'adhérence du ciment de Vassy, quand il est bien choisi et convenablement employé, est telle qu'il n'a pas hésité à proposer la construction entièrement en béton avec mortier de chaux hydraulique ordinaire d'une galerie de 1500^m de longueur destinée à fonctionner à peu près comme un tuyau de conduite, avec la condition que les parois intérieures seraient revêtues d'un enduit de 0^m 03 d'épaisseur, en mortier formé de ciment de Vassy et de sable tamisé par parties égales. Ce travail est actuellement en voie d'achèvement *. L'enduit est appliqué par les soins de MM. Gariel et Garnier.

Paris, le 18 juin 1844.

* Ce travail est complétement achevé, et la galerie fonctionne de la manière la plus satisfaisante.
Note des Éditeurs (30 février 1845).

F. LEFORT.

L'Ingénieur en chef du service municipal, soussigné, joint très-volontiers son témoignage à celui de M. Lefort, pour constater la bonne qualité du ciment de Vassy et le soin que MM. Gariel et Garnier apportent à son emploi dans les travaux dont ils sont chargés.

Paris, le 21 juin 1844.

MARY.

Fig. 1. *Fontaine de la Place du Marché St. Jean,*
vue dans son état de vétusté.

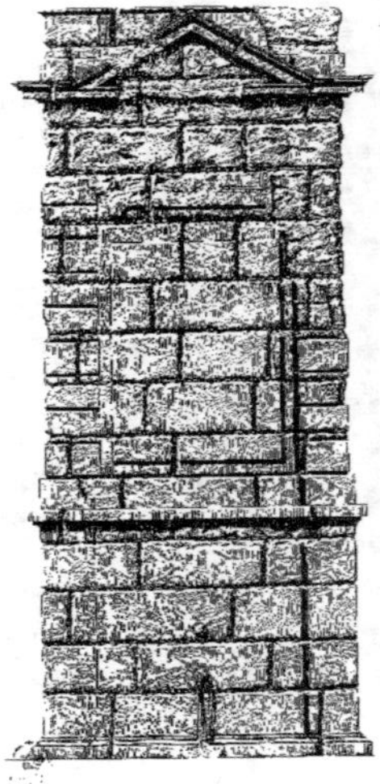

Fig. 3.
Coupe sur AB.

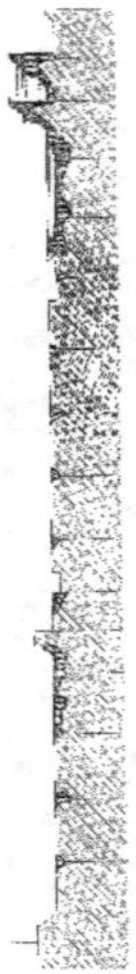

Fig. 2. *Fontaine de la Place du Marché St. Jean,*
vue après sa restauration en ciment de Vassy.

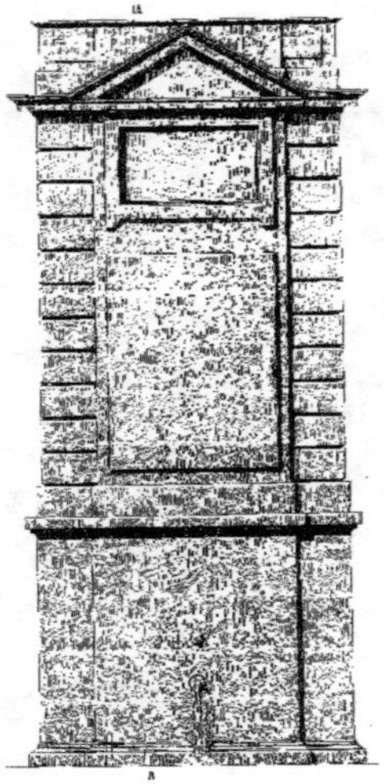

Fig. 4. *Coupe d'un aqueduc en pisé de Ciment de Vassy,*
de o,m d'épaisseur pratiqué sous le radier de la grande galerie
de la rue de la Fidélité. Note. Cet abîme est d'une seule pièce.

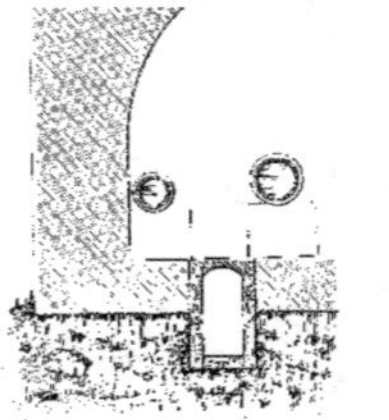

Fig. 5. *Mur du Bassin St. Victor,*
recouvert d'un Chaperon
en Ciment de Vassy et Meulière.

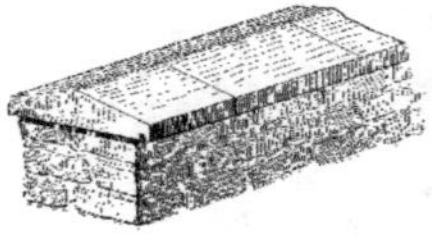

Fig. 6. *Coupe d'un Égout présentant le*
scellement en Ciment de Vassy, de consoles
portant des tuyaux de conduite.

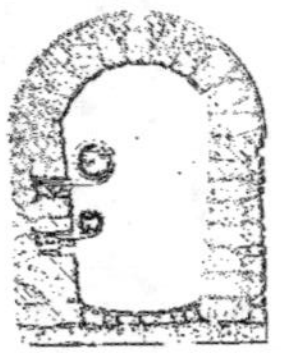

Échelle des Fig. 1, 2, 3 et 6 de o,m o2 pour mètre.

Échelle de la Fig. 4 de o,m o5 pour mètre.

Gravé par Lemaire et Paris.

SERVICE DES EAUX DE PARIS.

Le certificat ci-avant n. 5, de M. Lefort, rend un témoignage si satisfaisant des ouvrages exécutés en ciment de Vassy, sous la direction de cet habile ingénieur, qu'il devient superflu d'y rien ajouter.

Cependant comme il n'a fait nulle mention d'un recouvrement de mur des bassins Saint-Victor, avec un chaperon en ciment de Vassy et meulière, il n'est pas inutile de dire ici tout le parti qu'on peut tirer de ce système de couverture appliqué au recouvrement des murs de clôture dans Paris et aux environs où on emploie du plâtre qui se détériore avec une rapidité désolante, et entraîne la ruine des clôtures.

Un chaperon de mur en ciment de Vassy et meulière ne reviendrait guère plus cher qu'un pareil ouvrage fait en plâtre, et il aurait autant et plus de chances de durée que fait en pierre de taille.

Par la facilité de donner à ce genre de chaperon autant de saillie qu'on le désire, on peut non-seulement conserver les murs, mais encore mettre les espaliers et palissades qui sont accolés à ces murs, à l'abri des petites gelées du printemps.

20 février 1845.

Note des Éditeurs.

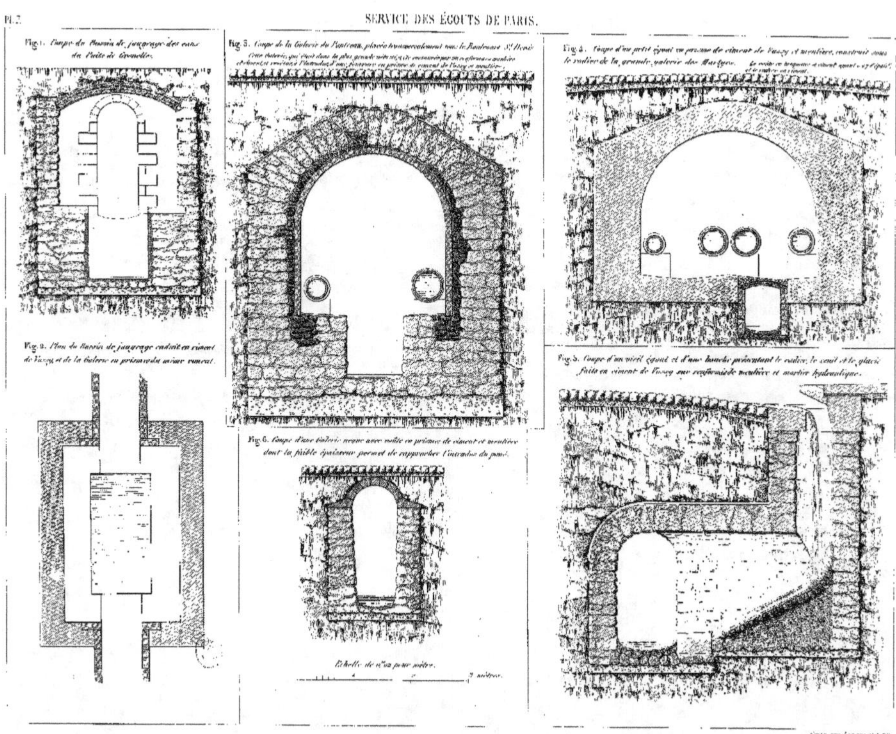

Échelle de 0,02 pour mètre.

MM. Gariel et Garnier, chargés depuis quatre ans de l'entretien des conduites d'eau et des égouts de la ville de Paris ont fait, sous notre direction, plusieurs applications avantageuses du ciment de Vassy dont ils sont propriétaires :

1° *Enduits sur radiers d'égouts neufs* (Pl. 7, fig. 6). Autrefois tous les radiers d'égouts neufs étaient construits en maçonnerie de meulière avec mortier de chaux hydraulique et sable. Ces radiers présentaient une surface inégale à l'écoulement des eaux et étaient une cause d'insalubrité. Aujourd'hui, par un système étendu à tous les égouts que la ville fait construire (4,000^m environ chaque année), les radiers sont formés d'une couche de maçonnerie à hérisson de 0^m 12 d'épaisseur moyenne, recouverte d'une couche en mortier de ciment de Vassy, de 0^m 10 d'épaisseur, composée de 700^k de ciment et 0^m 80 de sable tamisé par mètre cube de mortier.

2° *Enduits sur vieux radiers* (Pl. 7, fig. 5). Pour remédier à l'insalubrité de quelques vieux égouts à faible pente construits en meulière, on en dégrade les joints, et après en avoir lavé et décapé la surface avec le plus grand soin, on y applique un enduit de même épaisseur et de même composition que celui qui a été indiqué ci-dessus : l'adhérence du ciment sur la meulière est complète. En 1844, pour la quatrième fois la ville de Paris, sur nos propositions, affecte une somme de 30,000 fr. à ce genre de restauration.

Égouts de la rue Vieille-du-Temple et de la rue Ponceau (Pl. 7, fig. 3). Quelques égouts trop larges, sous une voie très-fréquentée ou sous des maisons particulières dont la voûte tombait en ruines, appelaient une reconstruction immédiate. Ces égouts ont été repris sous galerie en accolant à la voûte et aux piédroits une fourrure intérieure de prismes en béton de ciment, de 0^m 12 d'épaisseur (ce béton est composé de 0^m 80 de meulière concassée pour 1^m de mortier de ciment). Ces restaurations terminées depuis plus de trois ans, ont bien réussi et ont présenté une véritable économie comparée à tout autre procédé.

Les prismes de ciment de 0^m 12 d'épaisseur ont encore été employés à quelques autres usages et même à la construction des égouts neufs, mais ces dernières expériences n'ayant point encore reçu la sanction du temps, nous ne les mentionnons que pour mémoire. *

En résumé, nous accordons beaucoup de confiance au ciment de Vassy lorsqu'il est employé par des entrepreneurs consciencieux; mais entre des mains improbes ou inhabiles, nous le considérons comme un ingrédient détestable. Nous avons trouvé dans MM. Gariel et Garnier une grande fidélité à remplir leurs engagements, beaucoup d'intelligence et de puissants moyens d'action : c'est un témoignage que nous nous plaisons à leur accorder ici sans restriction.

Paris ce 19 janvier 1844.

L'Ingénieur des Ponts-et-Chaussées, attaché au service municipal de la ville de Paris,

CH. DE FOURCY.

* Voir le certificat de M. l'ingénieur en chef Mary, ci-après page 20.

L'Ingénieur en chef soussigné joint volontiers son témoignage à celui de M. de Fourcy, en faveur de MM. Gariel et Garnier.

Paris, 5 février 1844.

MARY.

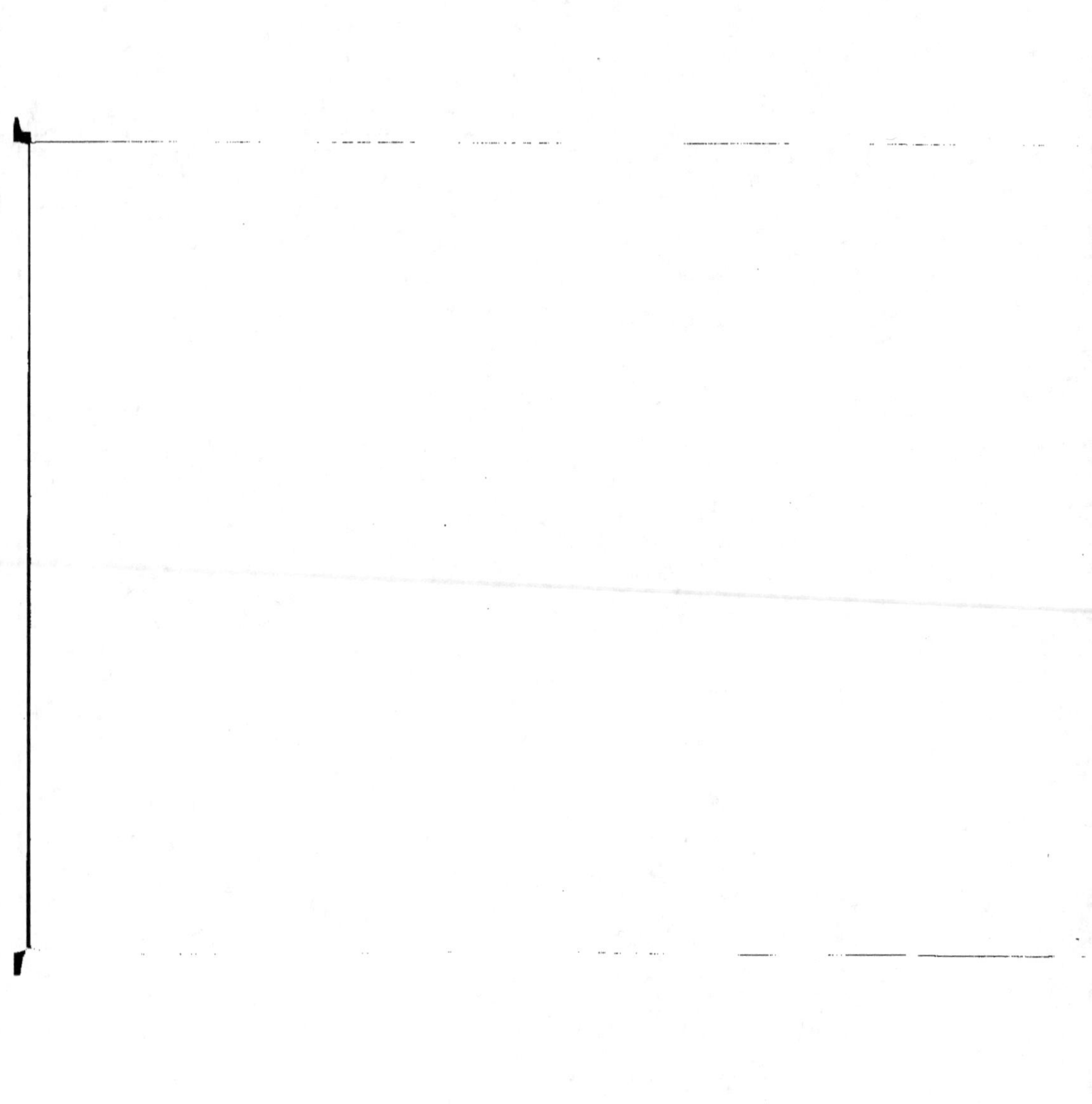

Pl. 8.

SERVICE DES ÉGOUTS DE PARIS.

Plan et Coupes d'une Galerie construite, en prismes de ciment de Vassy et meulière, sous le Boulevart du Combat, sur une longueur de 800 mètres.

Le radier, en ciment, est établi sur un conformis de meulière et mortier hydraulique.

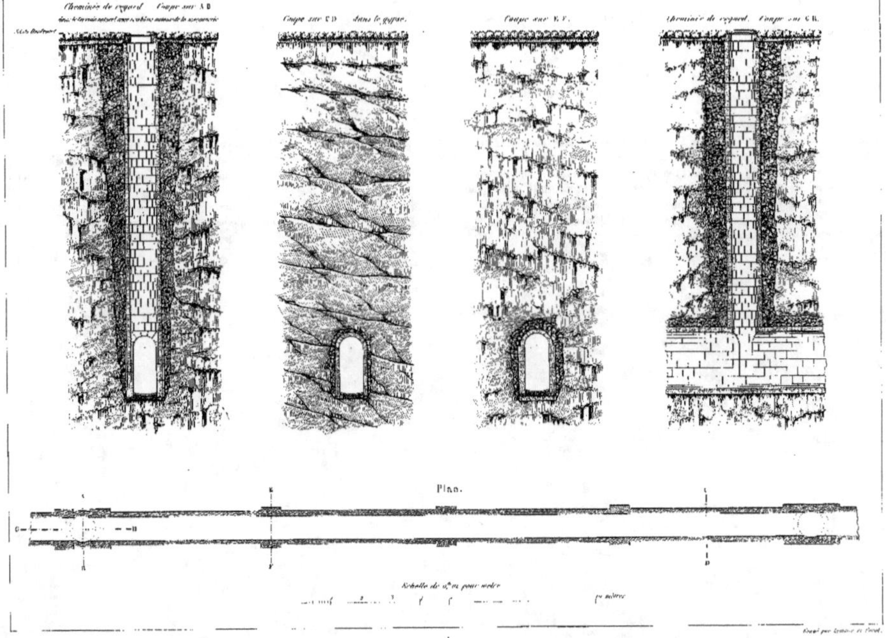

SERVICE DES ÉGOUTS DE PARIS.

Le certificat ci-avant, page 7, de M. de Fourcy montre avec quelle prudence et quelle réserve cet Ingénieur si distingué recueille et constate les faits.

Depuis 3 ans déjà, l'égout du boulevard du Combat a été construit avec des prismes en ciment de Vassy et meulière ayant $0^m 13$ d'épaisseur. Si plusieurs parties de la galerie construite dans le gypse peuvent supporter sans effort une masse qui se maintiendrait en quelque sorte d'elle-même, sur d'autres points cette galerie a été ouverte dans un sol bouleversé et remué; sous les puits qui ont 10 et 11 mètres de hauteur, les piédroits supportent un poids immense.

Eh bien ! partout la construction s'est maintenue dans le meilleur état de stabilité.

Au surplus, l'expérience constatée par le rapport de M. l'Ingénieur en chef Mary du 22 août 1844 (voyez ci-après page 20), témoigne hautement et d'une manière frappante, la résistance qu'on peut attendre d'une semblable construction.

Paris, le 20 février 1845.

Note des Éditeurs.

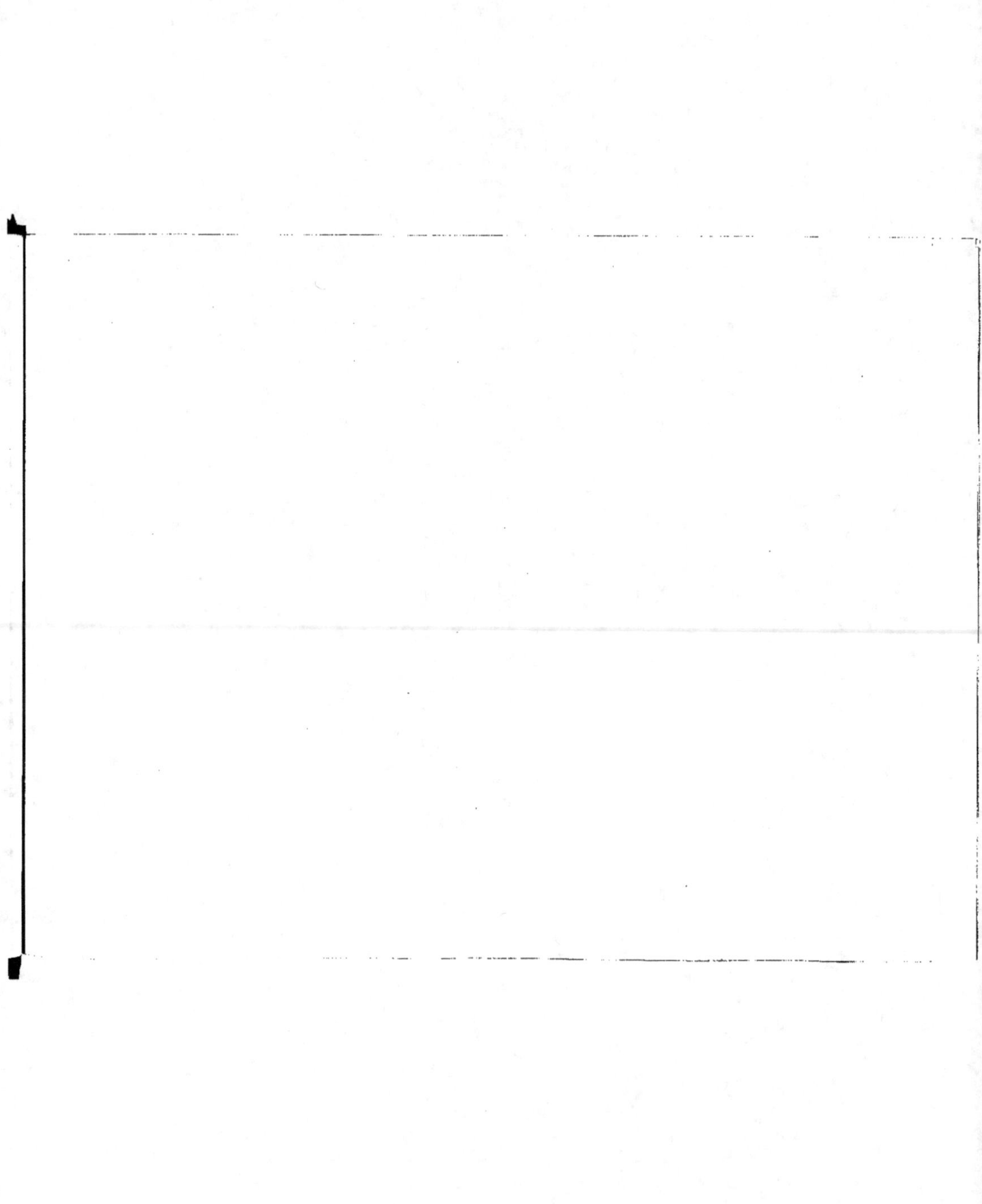

Compagnie Française pour l'éclairage au gaz.

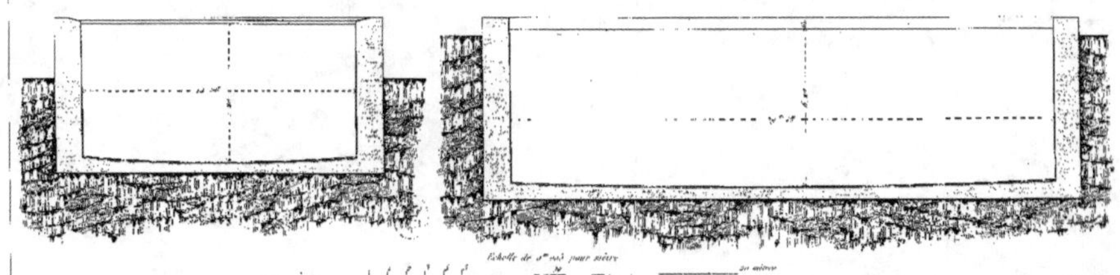

9

SERVICE DE L'ÉCLAIRAGE DE LA VILLE DE PARIS.

COMPAGNIE FRANÇAISE.

Messieurs Gariel et Garnier,

C'est avec plaisir que je vous confirme l'entier succès des enduits que vous avez faits, soit à l'entreprise, soit en gérance, pour nos cuves de gazomètres dans les usines de la Compagnie française d'éclairage par le gaz.

La première cuve de l'usine de Vaugirard avait été faite en 1837. Les murs et le fond en béton formé de chaux hydraulique factice, de sable de plaine et de cailloux, avaient été recouverts d'un enduit de mortier hydraulique ; cet enduit a été pénétré par l'eau qui s'est ensuite infiltrée dans les maçonneries. En 1838, nous avons mis à vif la maçonnerie et nous l'avons recouverte d'un enduit en ciment de Vassy, qui a été posé par vos ouvriers. Nous avons recouvert de cet enduit la partie supérieure des murs. Cette citerne, dont les dimensions sont indiquées dans la planche 9, fig. 3, conserve parfaitement l'eau, et le parement exposé à la pluie et à la gelée n'a pas souffert depuis cinq ans.

Le même succès a été obtenu dans la réparation de la seconde citerne de l'usine de Vaugirard (Pl. 9, fig. 1).

En 1841, j'ai fait établir, à l'usine du faubourg Poissonnière, une grande citerne (Pl. 9, fig. 4). Nous avons été moins heureux cette fois, le niveau de l'eau ne se maintenait pas.

Après avoir enlevé l'eau de cette citerne, nous avons reconnu que dans quelques parties les deux couches de ciment, ou plutôt les reprises de ciment, n'avaient pas parfaitement adhéré entre elles ; nous avons aussi aperçu dans le fond une légère fissure dans la maçonnerie. Dans cette circonstance, une contestation pouvait être élevée sur la cause de la déperdition d'eau. J'aime à reconnaître que vous avez évité cette contestation par votre consentement immédiat de piquer l'ancien enduit et de le recouvrir d'une nouvelle couche à vos frais. L'opération présentait des difficultés, parce que vos ouvriers étaient resserrés par la cloche dans un espace de 0^m 50 de largeur ; cet nouvel enduit a été bien fait. Nous l'avons recouvert d'une couche de goudron préparé et étendu au pinceau, et l'eau ayant été remise presque immédiatement s'est si bien conservée, que le niveau, au lieu de s'abaisser, s'élève chaque jour par la pluie qui tombe sur le gazomètre.

Enfin je viens de faire établir une citerne (Pl. 9, fig. 4) à l'usine de Vaugirard : j'ai pris la précaution de recouvrir la surface de votre enduit de la même couche de peinture au goudron, dont j'avais fait usage à l'usine du faubourg Poissonnière, et cette citerne contient parfaitement l'eau sous une pression de 8^m 60.

J'ai enduit d'autres petites citernes avec votre ciment, et toujours avec le même succès.

Mais j'ai surtout reconnu l'avantage de votre ciment dans la reprise en sous-œuvre des murs de la citerne Pl. 9, fig. 2. Cette reprise a été faite dans de la glaise sablonneuse au-dessus de laquelle est une nappe d'eau de hauteur variable avec le niveau de la Seine. Les infiltrations qui se sont déclarées en grand nombre ont été facilement arrêtées avec le ciment, et la maçonnerie était parfaitement sèche avant d'être recouverte de son enduit.

Veuillez agréer, Messieurs, l'assurance de ma considération distinguée.

Paris, 20 mars 1844.

L'Ingénieur de la Cie française, capitaine du génie en retraite,

MAYNIEL.

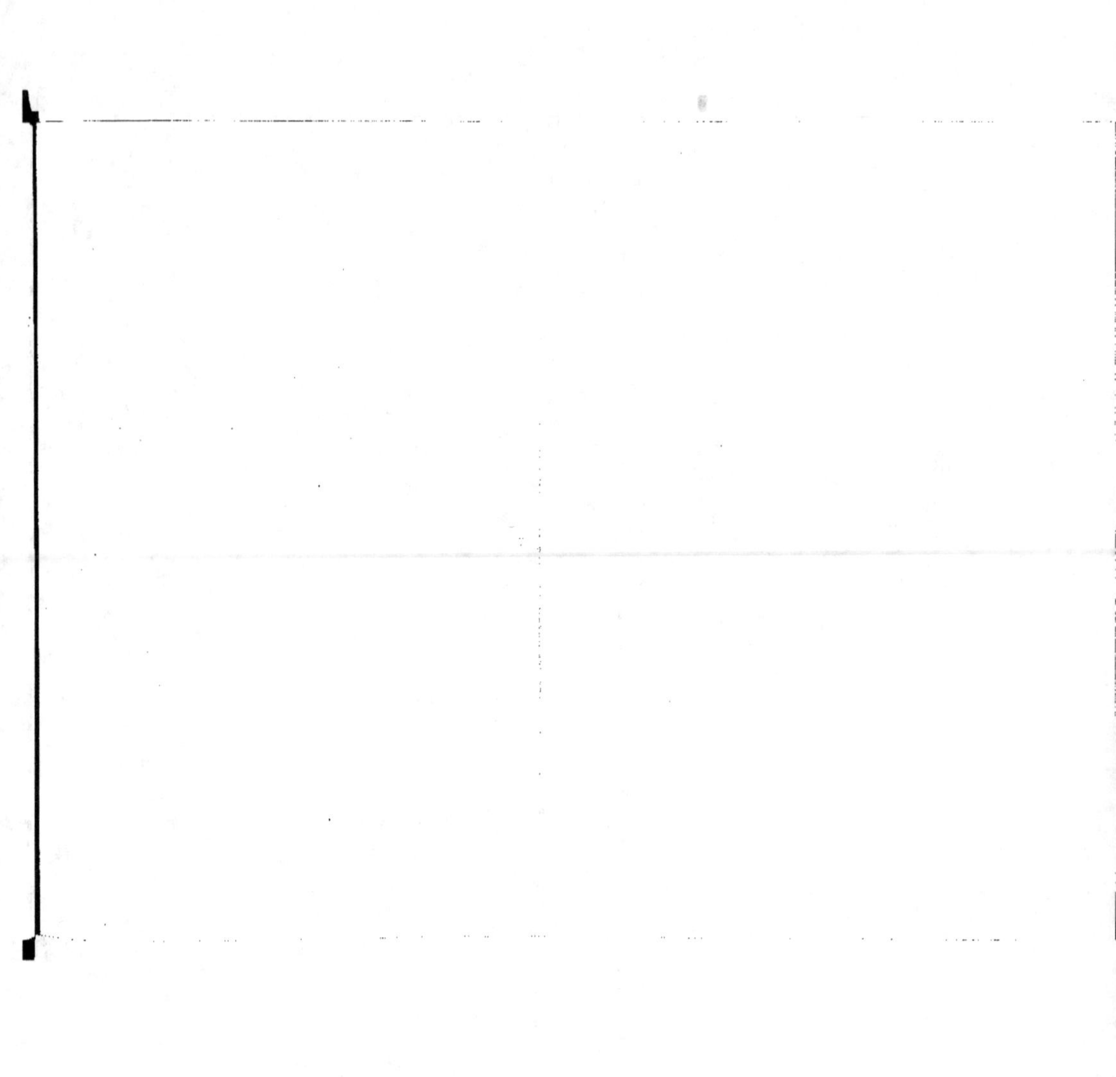

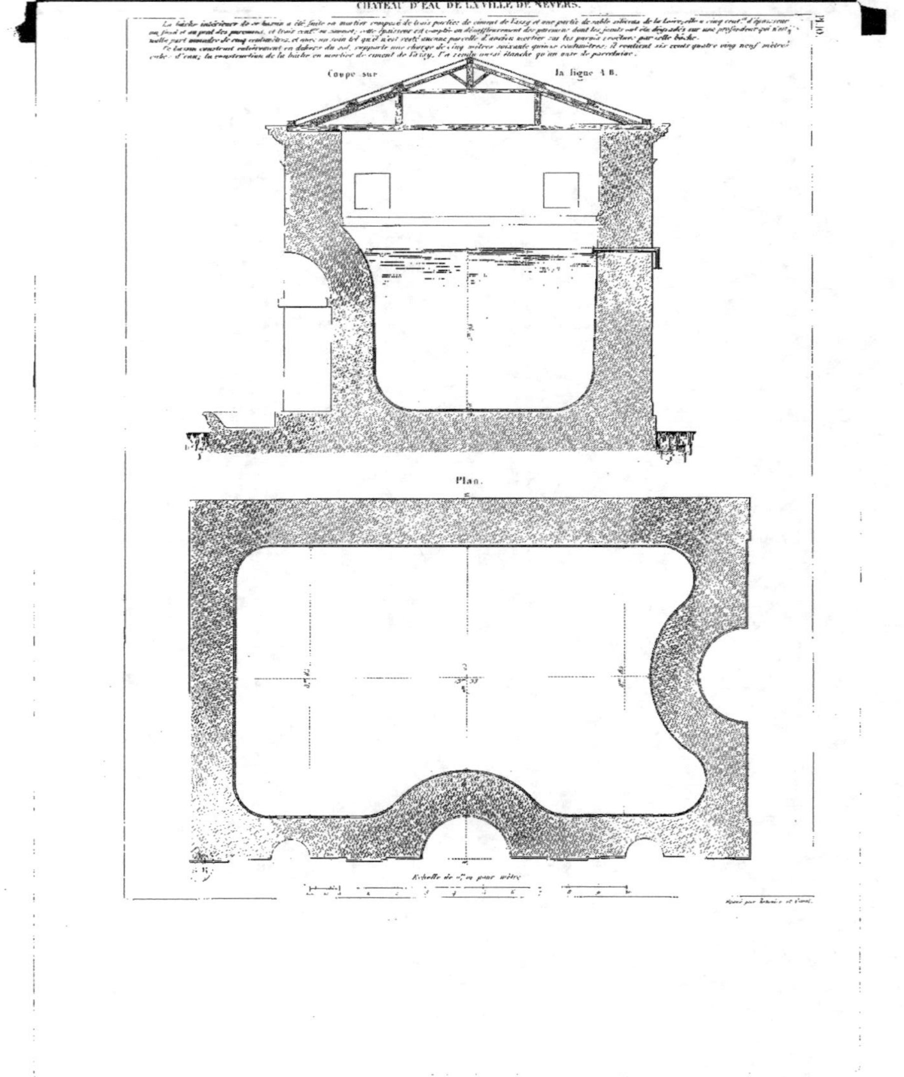

CHÂTEAU D'EAU DE LA VILLE DE NEVERS.
Pl. 10.
La bâche intérieure de ce bassin a été faite en mortier composé de trois parties de ciment de Vassy et une partie de sable siliceux de la Loire; elle a cinq cent.m d'épaisseur au fond et au pied des parements, et trois cent.m au sommet; cette épaisseur est comptée en déduffleurement des parements dont les joints ont été dégradés sur une profondeur qui n'est nulle part moindre de cinq centimètres, et avec un soin tel qu'il n'est resté aucune parcelle d'ancien mortier sur les parois couvertes par cette bâche.
Ce bassin construit entièrement en dehors du sol, supporte une charge de cinq mètres soixante quinze centimètres; il contient six cents quatre ving neuf mètres cube d'eau; la construction de la bâche en mortier de ciment de Vassy, l'a rendu aussi étanche qu'un vase de porcelaine.
Coupe sur la ligne A B.
Plan.
Echelle de 1 cent. en pour mètre.

10

CHATEAU-D'EAU DE LA VILLE DE NEVERS.

Nous soussignés membres du Conseil municipal de la ville de Nevers, attestons que le château-d'eau de cette ville, construit entièrement au-dessus du sol, a été enduit intérieurement de *Ciment de Vassy*, sur une hauteur de 5 mètres 75. Que cet enduit appliqué au mois de mai dernier, par les soins et sous la direction de M. Garnier, représentant MM. Cariel frères et Garnier, a parfaitement atteint le but que l'on se proposait ; de telle sorte qu'aucune filtration ni suintement ne s'est manifesté au bassin depuis son application. Qu'enfin, malgré la charge d'une colonne d'eau de 3^m, 75 et une masse de 689 mètres cubes, le château-d'eau est parfaitement étanche et contient l'eau comme un vase de porcelaine; nous devons en outre ajouter que la rigueur de l'hiver qui vient de s'écouler n'a porté aucune altération à l'enduit, malgré les alternatives d'humidité et de sécheresse auxquelles il est soumis journellement par le remplissage du bassin et la distribution d'eau dans la ville.

Nevers, le 2 avril 1838.

TIBORD,
Ancien ingénieur en chef des Ponts-et-Chaussées.

MOSSÉ,
Ingénieur en chef, directeur des Ponts-et-Chaussées.

Vu par Nous, maire de la ville de Nevers, pour légalisation de la signature de MM. Mossé et Tibord, et pour certifier les faits consignés dans la présente attestation.

Nevers, le 2 avril 1838.

Le Maire,
DESVEAUX.

Le soussigné, membre du Conseil municipal de la ville de Nevers, certifie que l'enduit en ciment de Vassy, qui a été appliqué en 1837, sur une hauteur de 5^m, 75, à la paroi intérieure du château-d'eau de cette ville, est encore aujourd'hui dans un parfait état de conservation, et qu'il remplit de la manière la plus satisfaisante l'objet qui a motivé son adoption.

Il atteste qu'aucune des filtrations qui avant son application existaient dans les maçonneries du château-d'eau ne se sont reproduites, et que ce réservoir est complétement étanche.

Nevers, le 2 février 1844.

L'Ingénieur en chef du département de la Nièvre,
BOUCAUMONT.

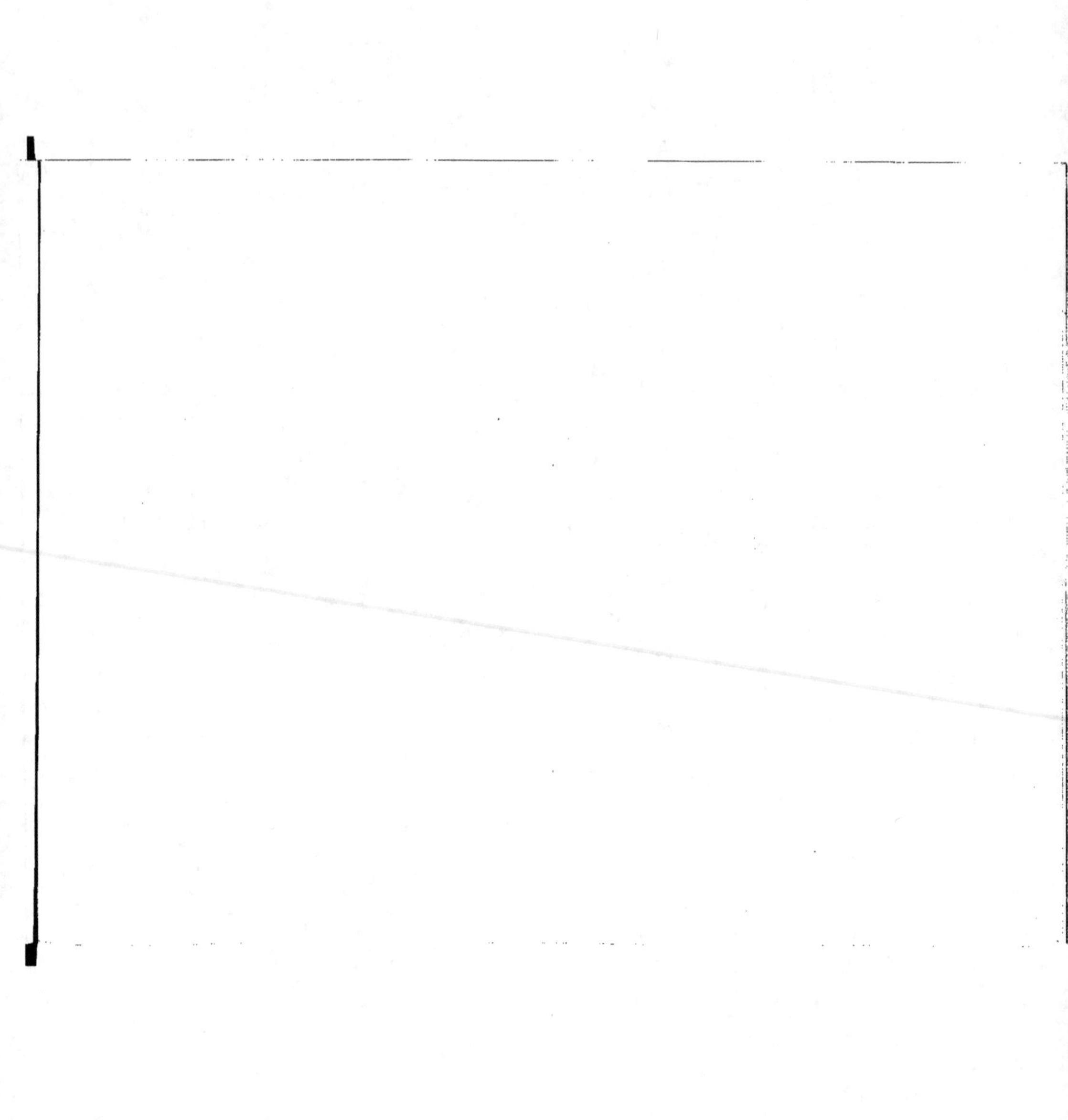

Chappe en Ciment de Vassy, recouvrant le Portail du midi.

Coupe suivant A B.

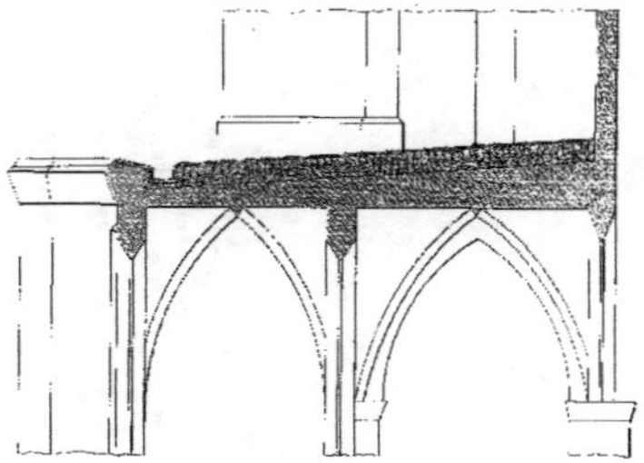

Plan.

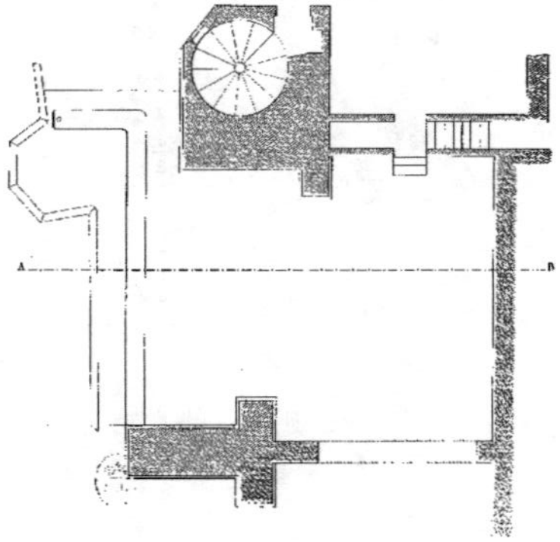

Echelle de 0.m 01 pour mètre.

10 mètres

CATHÉDRALE DE NEVERS.

Je soussigné, architecte du gouvernement, chargé des travaux de restauration de la cathédrale de Nevers.

Certifie :

Que les toitures qui recouvraient les bas-côtés et les chapelles, au pourtour de ladite cathédrale, ont été remplacées par des terrasses dont les pentes ont été réglées en maçonnerie, et recouvertes d'asphalte de Seyssel ;

Qu'une portion de ces terrasses, exposées au midi, dans les conditions que j'ai jugées les plus défavorables à un essai, est recouverte d'une chappe en ciment romain de Vassy ;

Que j'ai trouvé dans l'emploi de ce ciment, à l'exclusion des bitumes, l'avantage d'être employé à toutes pentes, et l'avantage plus grand encore de pouvoir ménager le chenal pour la conduite des eaux dans l'épaisseur de la forme en maçonnerie, sans addition de métal quelconque ;

Qu'il est à ma connaissance que cette chappe a été exécutée dans des circonstances atmosphériques contraires à celles que l'ouvrier devait choisir, et qui lui avaient été proscrites par M. Garnier ; que cependant elle est établie depuis *six années*, et qu'elle est demeurée intacte, en parfaite adhérence aux maçonneries qu'elle touche, sans gerçures ni fissures quelconques ; et qu'enfin le ciment romain de Vassy, employé par des ouvriers expérimentés et bien dirigés, est excellent pour recouvrir des terrasses en maçonnerie.

En foi de quoi j'ai délivré le présent certificat à M. Garnier, pour lui servir.

Paris le 10 mars 1844.

C. ROBELIN.

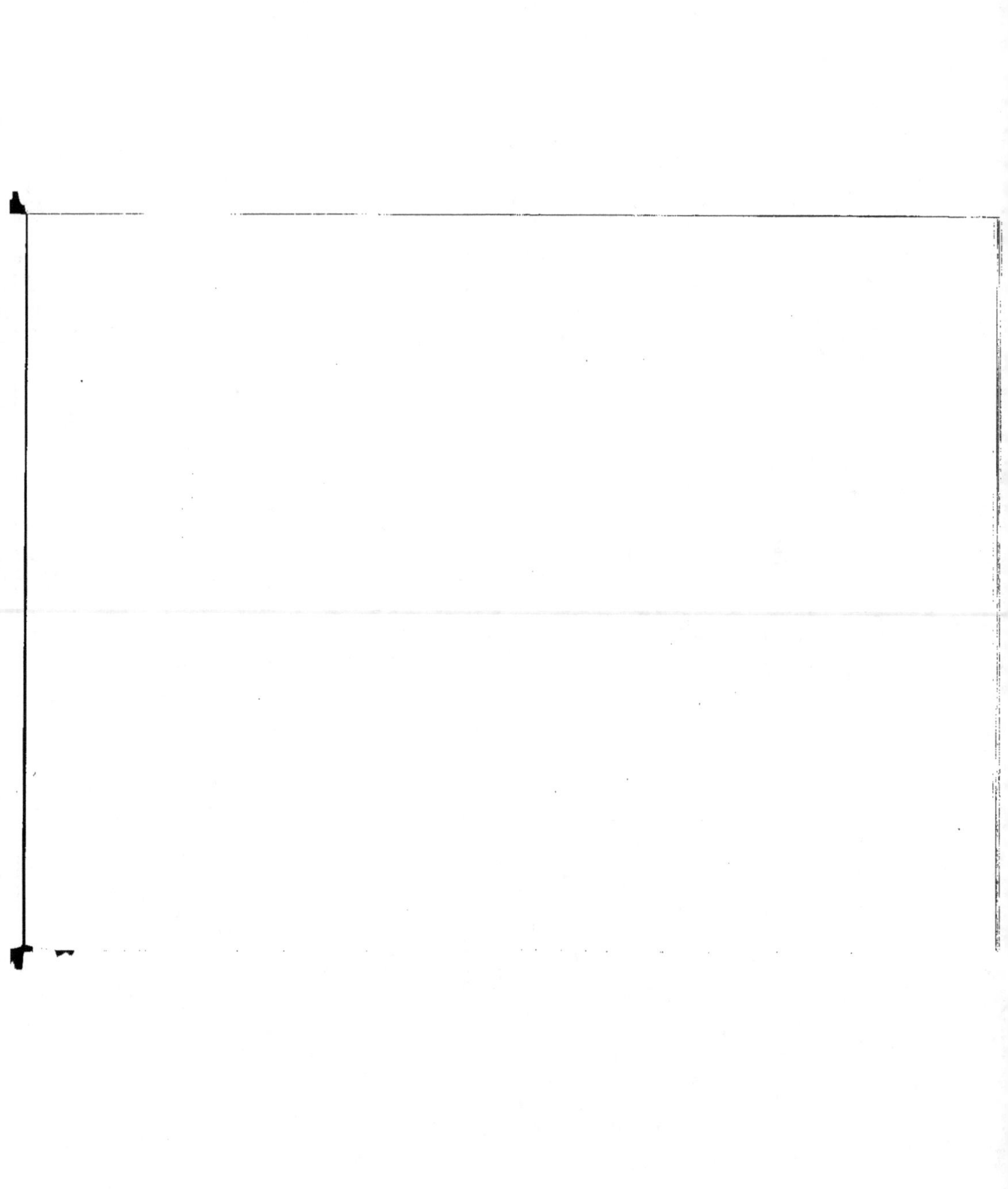

Fig. 1 et 2. Coupes d'un Bassin placé au-dessus du sol et construit en briques et ciment de Vassy par les soins et sous la direction de Mr Veillard ancien élève de l'école Polytechnique, dans son Usine de Pont-lieu, faub. du Mans.

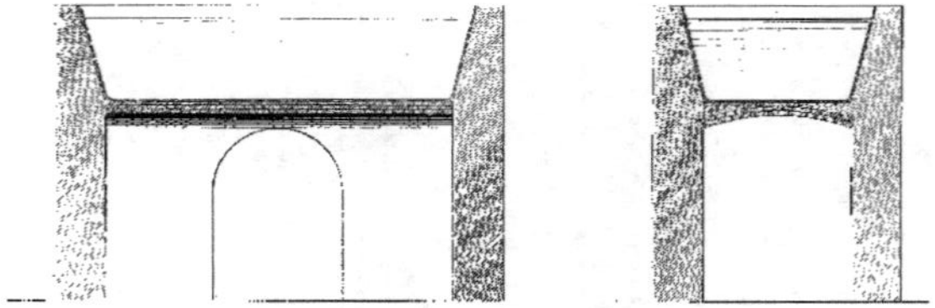

Fig. 3. Coupe d'un Bassin en briques et ciment de Vassy, superposé à une voûte également en briques et ciment. Ce Bassin établi dans l'usine de Pont lieu, sert à la fabrication du Chlore.

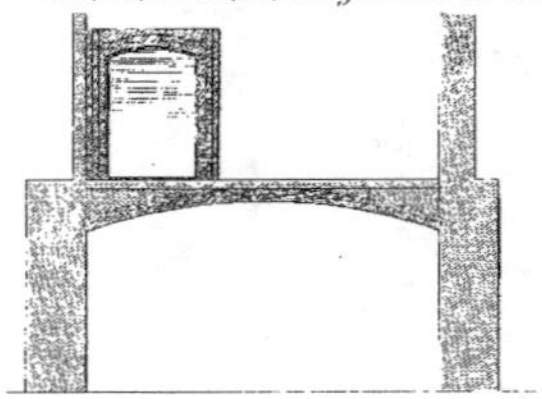

Fig. 5. Perspective du conduit de décharge moulé en ciment de Vassy.

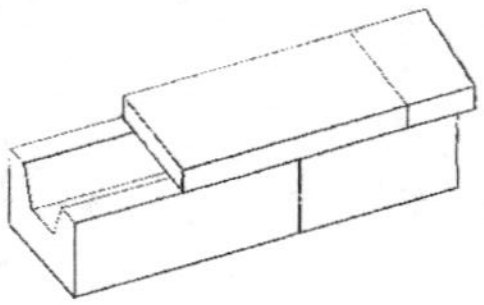

Fig. 4. Coupe d'un Bassin construit en ciment de Vassy, dans le jardin de Mr. Ruminet, ancien chef de div.on au Ministère des trav. publics, Rue de l'Ouest. 22.

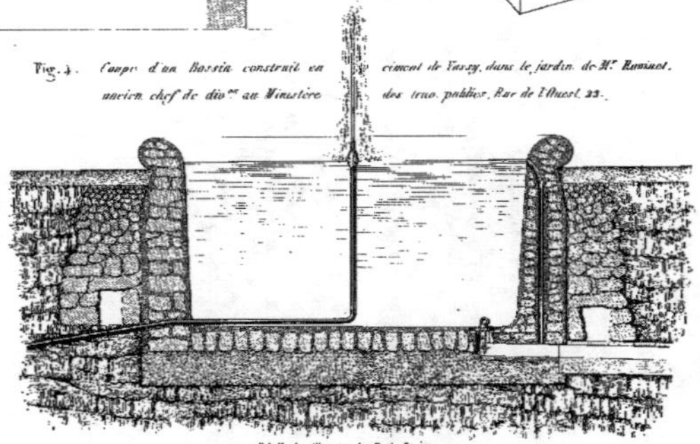

Echelle des Fig. 1 et 2 de 0m,025 p.r mètre.

Echelle de la Fig. 3 de 0m,03 p.r mètre.

Echelle de la Fig. 4 de 0m,03 p.r mètre.

Gravé par Lemaire et Carol.

1° BASSINS CONSTRUITS EN BRIQUES ET CIMENT DE VASSY, PAR M. VETILLARD,

DANS SON USINE DE PONT-LIEU, FAUBOURG DU MANS.

Dans sa belle blanchisserie de Pont-Lieu, M. Vetillard, issu, lui aussi, de cette école célèbre qui a donné des hommes si distingués aux sciences, aux arts et à l'industrie, a fait du ciment de Vassy l'emploi le plus intelligent et le plus utile.

Ses cuves à lessiver ont été enduites avec cette matière.

Un 1er bassin (fig. 1 et 2, pl. 12), construit extérieurement, bien au-dessus du sol, et mis à jour sous le plafond, a été enduit à l'intérieur en ciment de Vassy.

L'imperméabilité de ce bassin est telle qu'à l'intrados de la voûte qui en supporte le fond, on n'aperçoit pas la plus légère transsudation.

La voûte sur laquelle le fond du bassin repose est composée de deux rangs de briques posées de plat avec ciment de Vassy; elle ne présente qu'une épaisseur de $0^m 11$.

Un 2e bassin servant à la fabrication du chlore (fig. 3) est encore plus remarquable que le premier, en ce que les côtés latéraux ont été construits avec 3 briques posées de champ et collées les unes aux autres avec du ciment de Vassy; l'épaisseur de cette triple cloison n'a que $0^m 17$, et cependant elle suffit pour résister à la pression du liquide contenu dans le bassin, et à la petite voûte qui le recouvre.

Il est bon de remarquer que ce petit bassin est placé en porte-à-faux sur la voûte d'une cave construite avec deux rangs de briques seulement.

Toutes ces constructions qui remontent à plusieurs années, sont dans le plus parfait état de conservation et répondent complétement à leur destination.

2° BASSIN

CONSTRUIT DANS LE JARDIN DE M. RAVINET, ANCIEN CHEF DE DIVISION AU MINISTÈRE DES TRAVAUX PUBLICS.

La lettre ci-après de M. Ravinet témoigne de l'état de conservation de ce bassin (fig. 4, pl. 12).

Le tuyau de décharge du trop-plein, pratiqué dans l'épaisseur de la paroi, et le conduit qui reçoit les eaux du trop-plein et sert à vider le bassin sont aussi en ciment; ce conduit se compose de prismes en meulière et ciment faits sur des moules, et ajoutés les uns aux autres; ils se soudent avec du ciment (fig. 5).

La couverte de ce tuyau est composée de même matière et moulée de même.

Ces conduits ne coûtent pas la moitié de la dépense qu'ils occasionneraient faits en pierre de taille; ils augmentent de résistance en augmentant de durée; la soudure des prismes est telle, que toute la conduite est aussi étanche que si elle n'était composée que d'une pièce.

Voici la lettre de M. Ravinet :

MONSIEUR,

« En réponse à la lettre que vous m'avez fait l'honneur de m'écrire le 3 de ce mois, je vous autorise bien volontiers à faire insérer dans le recueil que vous voulez publier, le dessin du « bassin que vous avez construit dans mon jardin.

« Je profite de cette occasion pour vous déclarer que, depuis sa construction, qui remonte au mois d'avril 1841, ce bassin n'a éprouvé aucune avarie, malgré le volume d'eau dont il « est constamment rempli.

« Veuillez, agréer, Monsieur, l'expression de ma considération très-distinguée. »

Paris, le 4 janvier 1844.

RAVINET, rue de l'Ouest, 22.

A Monsieur Garnier, quai Valmy, n° 33.

Voûtes de l'Église de Sauvigny-le-Bois, construites en maçonnerie de briques et ciment de Vassy,
sous la direction et sur les dessins de M. Tireuit architecte à Avallon.

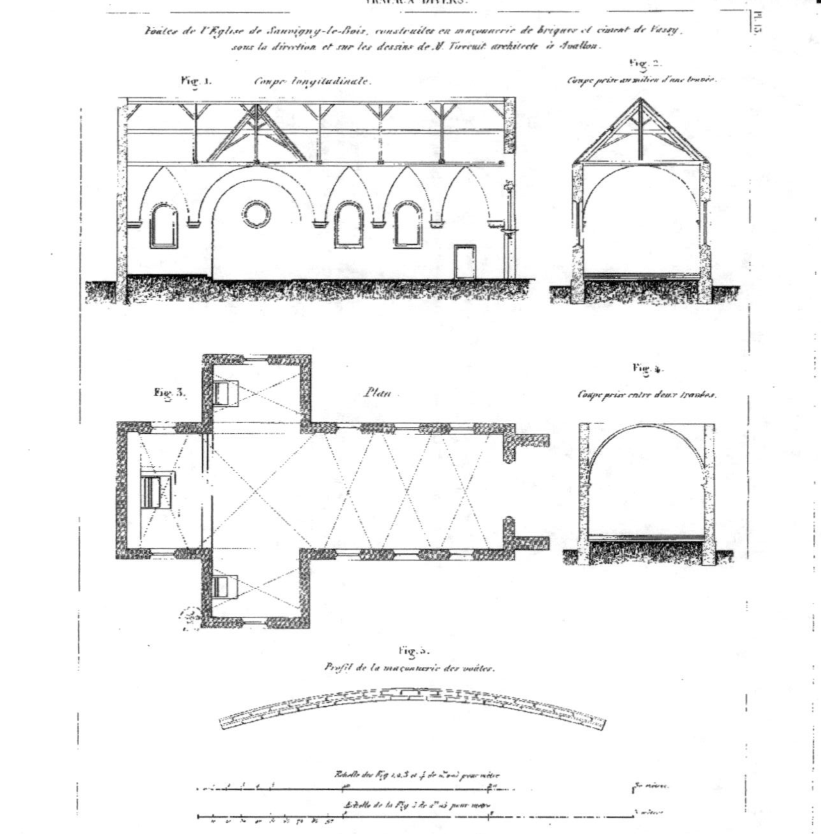

Pl. 13.

TRAVAUX DES COMMUNES. ÉGLISE DE SAUVIGNY-LE-BOIS.

Les voûtes de cette église sont en arête et formées de deux rangs de briques sur champ, simples, superposées et unies par une couche de *Ciment de Vassy*.

L'extrados de ces voûtes est recouvert d'une chappe en même ciment et leur intrados, enduit en plâtre.

Les murs de l'église sur lesquels s'appuient ces mêmes voûtes sont sans piliers butants, ont 0^{m}70 seulement d'épaisseur, sont construits à mortier de chaux et arène et non à mortier de chaux et sable, et ne présentent pas par conséquent le degré de solidité et de résistance que l'emploi de cette dernière espèce de mortier aurait pu leur procurer.

Enfin les naissances des mêmes voûtes prises sur l'épaisseur de ces murs, au lieu d'être établies sur des dosserets en saillie, contribuent encore à les affaiblir.

Ces différentes causes de faiblesse des appuis n'ont pas empêché la construction de réussir parfaitement et de manière à ce qu'il soit impossible d'y trouver la plus petite lézarde.

Fait à Avallon, le 4 décembre 1837.

Signé **TIRCUIT**.

Je soussigné Edme **TIRCUIT**, architecte à Avallon, sous la direction duquel ont été exécutées, au printemps de 1836, les voûtes d'arête, en briques et ciment romain de Vassy, de l'église de Sauvigny-le-Bois, certifie que les voûtes formées de deux rangs de briques sur champ, superposées, et dont j'ai constaté la solidité dans une notice sur leur construction en date du 4 décembre 1837, se trouvent encore aujourd'hui dans un état parfait de conservation, et promettent une durée indéfinie.

A Avallon, le 29 février 1844.

TIRCUIT aîné.

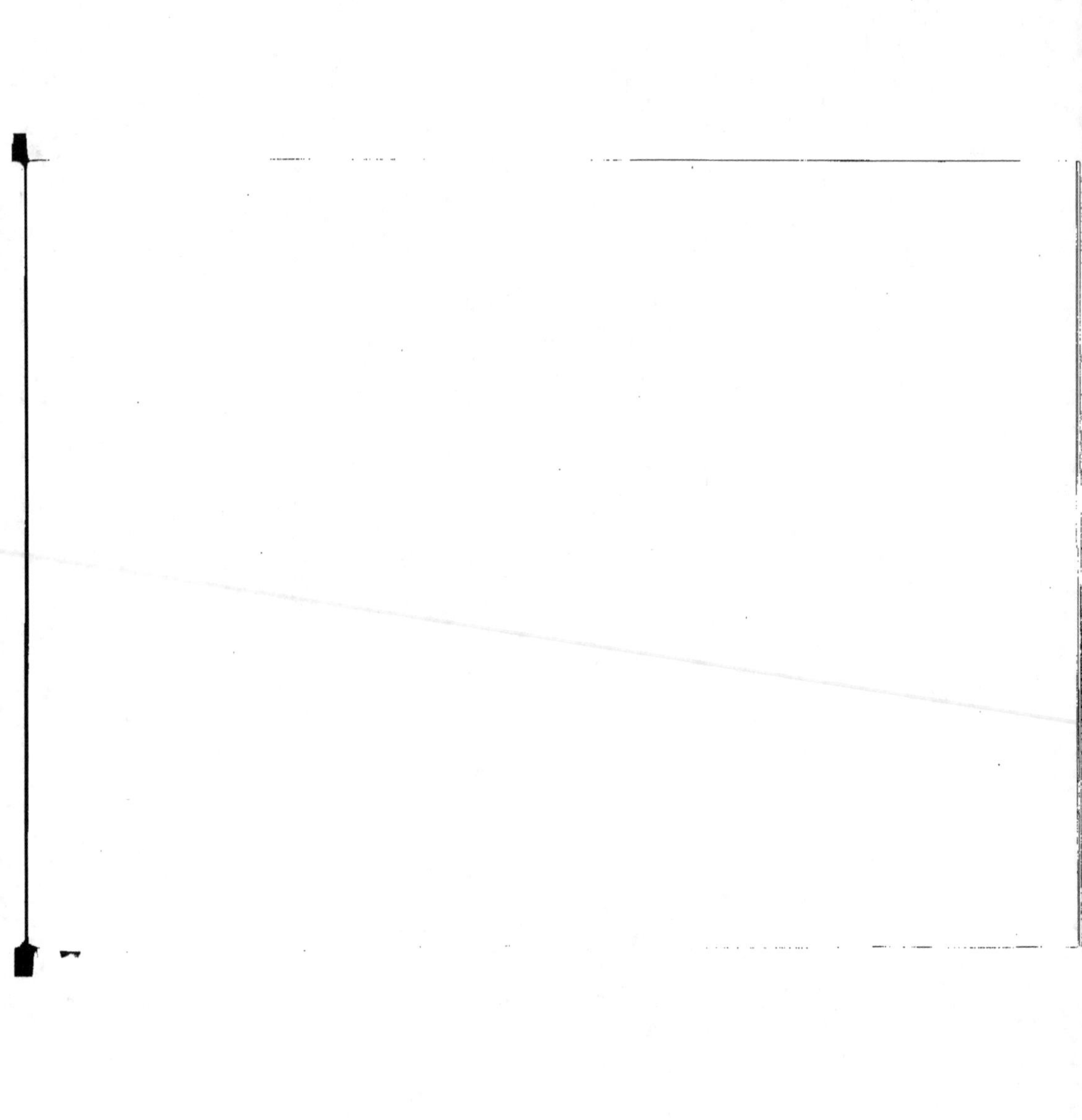

VOÛTE D'ÉPREUVE.

Plan et Coupe d'un Arceau construit avec deux rangs de briques simples posées de plat, et mortier de ciment de Vassy,
pour servir à faire connaître quel poids une voûte de cette nature peut supporter sans se rompre.

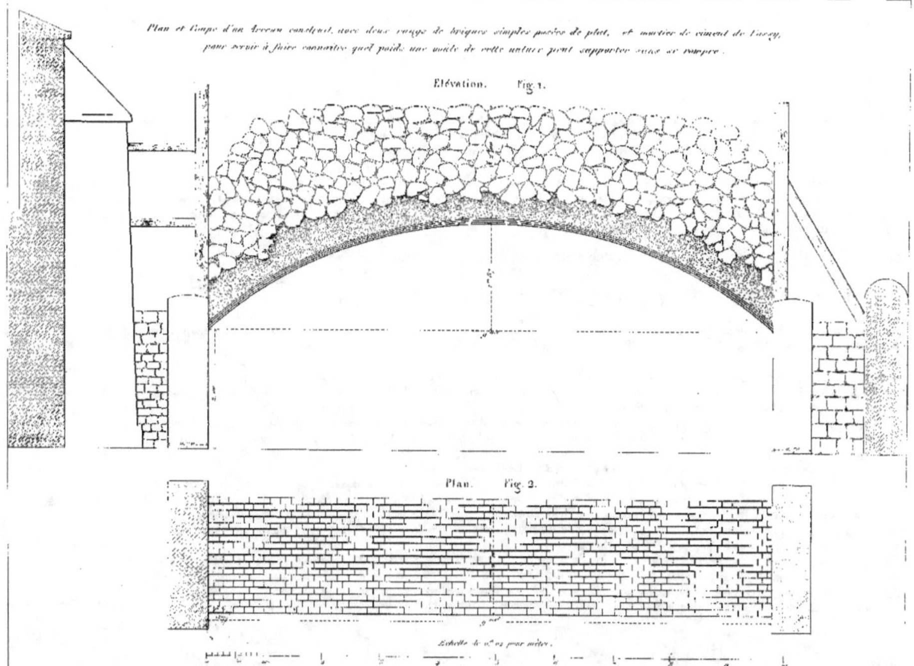

PROCÈS-VERBAL

DE L'ÉPREUVE D'UNE VOUTE MINCE EN BRIQUES ET MORTIER DE CIMENT

FAITE A L'USINE DE VASSY, EN JUIN 1834.

Les 5, 6, 7 et 10 juin 1834, nous *Aspirant Ingénieur des Ponts-et-Chaussées* à la résidence d'Avallon; sur l'invitation de MM. GABIEL frères et GARNIER d'assister à une expérience tendant à constater la résistance du *Ciment de Vassy* appliqué à la construction des voûtes minces, nous nous sommes rendu à l'usine de Vassy, où se prépare ce Ciment; et là, en présence de l'un des Directeurs, et de plusieurs personnes versées dans l'art des constructions, nous avons reconnu ce qui suit :

Description. — La voûte à éprouver était située dans la partie sud de la cour de l'usine, appuyée au nord contre le mur d'un grand magasin en construction, et au sud contre un mur provisoire destiné à résister à la poussée. Elle était composée de deux rangs de briques, posées à plat, et liées entre elles par un mortier de sable et Ciment, formé, nous dit-on, de deux parties de Ciment de Vassy et de trois de sable granitique. Sa courbure était celle d'un arc de cercle de 9^m de corde et 1^m, 87 de flèche, surbaissé par conséquent du 1/4 au 1/5. Sa largeur était de 2^m. Son épaisseur était de 0^m, 12 seulement, comprenant, savoir :

DEUX RANGS DE BRIQUES DE 0, 04, l'un	0^m,080	
UN LIT DE MORTIER INTERMÉDIAIRE	0, 017	
UN ENDUIT INTÉRIEUR	0, 003	0^m, 12.
UN ENDUIT SUPÉRIEUR OU CHAPPE	0, 018	

Cette voûte avait été construite sept mois à l'avance, en novembre 1833, afin qu'ayant déjà passé par toutes les intempéries de l'hiver, elle pût donner des résultats d'autant plus concluants.

Épreuve. — La construction dont il s'agit ayant été faite à titre d'expérience seulement, on fit d'abord les dispositions nécessaires pour que l'épreuve pût être poussée jusqu'à son dernier terme, c'est-à-dire jusqu'à la rupture. A cet effet une caisse en charpente, de 2^m à 2^m, 50 d'élévation, fut disposée au pourtour de la voûte pour recevoir les matériaux de chargement.

Le 5 juin, commença le premier chargement, qui consista en arène du pays, répandue uniformément sur l'extrados, et avec la précaution d'éviter les chocs brusques, de peur de causer des ébranlements dans le corps de la voûte. A la fin de la journée, il s'élevait à $11,000^k$ sur la surface totale de 18^m carrés, ou à 611^k par mètre carré, ci

Le 6 juin, les dépôts d'arène continuant, la charge fut portée à $23,505^k$ ou $1,305$ par mètre carré, ci

Le 7 juin, l'arène commençait à se faire jour entre les parois de la caisse et les têtes de la voûte; on cessa alors d'en déposer davantage, et l'épreuve fut continuée avec de forts moellons, qui, à la fin de la journée, portèrent la charge à $40,130^k$ ou à $2,229^k$ par mètre carré, ci

La voûte ne faisant toujours aucun mouvement, on commença à croire sérieusement à la solidité ; on continua à la charger de moellons, mais non plus avec les ménagements et précautions que l'on avait cru devoir prendre d'abord ; on lançait des moellons d'une distance de 2^m au moins. Le 10 juin au soir, la charge avait atteint le chiffre de $54,530^k$ ou $3,029^k$ par mètre carré, ci

Or, sous ce dernier poids, comme sous les précédents, la voûte n'accusait aucun mouvement, elle demeurait inébranlable. Cependant les matériaux de chargement s'élevaient aussi haut que les parois de la caisse pouvaient le permettre ; on attendait après la chute de la voûte pour continuer des constructions que sa présence entravait, et qui étaient absolument urgentes. Pour en finir, on affaiblit graduellement le mur d'appui qui soutenait la voûte du côté du sud ; ce mur, n'étant plus assez fort pour résister à la poussée, fut déversé, et toute la voûte s'écroula en une seule masse.

CHARGEMENT.	
Total.	Par mètre carré.
$11,000^k$	611^k
$23,500^k$	$1,305^k$
$40,130^k$	$2,229^k$
$54,530^k$	$3,029^k$

V. d'autre part.

Tel a été le résultat de cette épreuve commencée, nous devons le dire, avec un sentiment de défiance; telle a été la résistance de cette construction si frêle en apparence, sur laquelle les ouvriers n'avaient jamais osé passer qu'avec crainte. Jusqu'à quel chiffre se fût élevé le chargement si les dispositions prises eussent permis de continuer l'épreuve jusqu'à la fin? nous l'ignorons. Mais en acceptant même comme dernier terme le chiffre auquel on a été obligé de s'arrêter; en admettant que des voûtes de 0^m,12 d'épaisseur ne pourront pas supporter plus de 3,000^k par mètre carré, c'est un résultat éminemment remarquable sans contredit, et qui est digne d'appeler la plus sérieuse attention, soit sur le mode de construction de pareilles voûtes, soit sur les matériaux qui peuvent servir à leur établissement.

De tout quoi nous avons rédigé le présent procès-verbal.

À Avallon, le 4 juillet 1834.

L'Aspirant-Ingénieur,

J. HENRIOT.

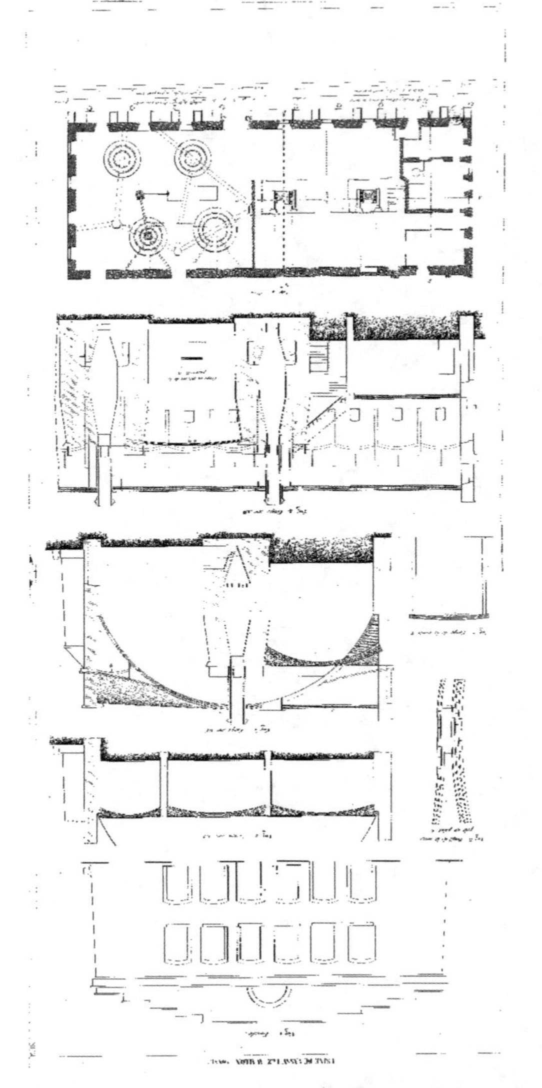

NOTICE SUR LA CONSTRUCTION DE L'ATELIER DE FABRICATION
DU CIMENT DE VASSY.

NOTA. Cette Notice est la reproduction littérale de celle imprimée en 1837, et insérée dans l'Album publié à cette époque par MM. Cariol et Garnier.

DANS l'origine de la fondation de l'établissement de Vassy, on avait entouré les fours où se calcine le Ciment, de hangars couverts en tuiles sur charpentes en bois; mais, outre que ces hangars étaient trop peu spacieux, et ne couvraient pas la plate-forme des fours, les charpentes se carbonisaient, et les tuiles étaient brisées par l'explosion des pierres. Cette toiture avait ainsi l'inconvénient d'exiger de fréquentes réparations, et ne remplissait qu'imparfaitement le but qu'on s'était proposé.

On imagina donc, au commencement de l'année 1833, de remplacer ce hangar par un vaste vaisseau dans lequel seraient renfermés les fours et tous les ateliers de fabrication du Ciment, et dont le toit devait être en briquettes de l'Isle et en Ciment de Vassy.

On construisit, à cet effet, un parallélogramme rectangle de 16^m, 66 de largeur, sur 47^m, 35 de longueur dans-œuvre. Les murs longitudinaux ou goutterots forment les pieds-droits de la voûte qui prend sa naissance à 4 mètres au-dessus du sol. Ces murs ont été construits en excellent mortier et un an avant la voûte, pour qu'ils ne fussent pas susceptibles de tasser sous le poids dont ils allaient être chargés.

Cette voûte a 3^m, 40 de flèche; elle est construite avec trois rangs de briquettes ayant ensemble 0^m, 09 d'épaisseur; les deux lits de mortier de Ciment qui les réunissent ont 0^m, 02, et la chappe qui recouvre le tout a 0^m, 02; ainsi, l'épaisseur totale est de 0^m, 13.

Le mortier est composé de une partie en volume de Ciment, et une partie de sable.

Pour diriger les eaux sur les gouttières, une contre-voûte, dont la courbe est renversée, part de ces gouttières et va rejoindre la grande voûte aux trois quarts de sa hauteur. La figure de ces deux voûtes ainsi réunies, a la forme d'une impériale.

Cette contre-voûte (R. S. fig. 3) est supportée par des éperons en maçonnerie de briques placés dans les reins de la voûte principale, et qu'on aperçoit en projection sur la coupe longitudinale (fig. 4).

Au milieu de l'intervalle qui sépare les éperons, et parallèlement à ces éperons, on a construit, en briques sur champ, un arceau qui est croisé, à angle droit, par un arceau de même genre prenant naissance sur ces éperons; ces arceaux sont figurés sur ladite coupe longitudinale, et aussi sur la coupe transversale au point Q (fig. 3).

Les expériences faites sur les enduits de Ciment horizontaux et exposés à l'air, ne datant pas d'assez loin pour qu'on se hasardât à livrer la grande voûte à toutes les intempéries de l'atmosphère [1], on crut prudent de recouvrir entièrement cette construction d'une enveloppe formée d'un rang de briquettes, soutenue par des tasseaux à 0^m, 10 de la voûte; cette enveloppe fut enchappée par dessous en mortier de Ciment, et recouverte en dessus d'une chappe absolument semblable à celle de la voûte principale.

Quatre hivers [2], dont deux très-rudes, notamment celui auquel nous échappons, se sont écoulés, sans que la chappe supérieure ait éprouvé la plus légère avarie, et sans qu'il y ait eu le moindre suintement. Ce résultat est d'autant plus étonnant, que l'hiver de 1835 à 1836 a présenté des transitions de température très-brusques, et que des gelées très-intenses succédaient à des pluies abondantes.

Il est donc bien évident aujourd'hui [3] que la précaution d'envelopper la voûte principale par cette contre-voûte était tout à fait superflue, et qu'on eût pu, sans le plus léger inconvénient, éviter ce surcroît de dépense.

On verra, par le plan, que les murs formant pieds-droits ont été défendus par des contre-forts très-rapprochés les uns des autres; on peut, à l'avenir, éviter cette autre dépense, en faisant des pénétrations qui soutiendraient l'effort de la voûte principale, et s'appuieraient les unes sur les autres, de manière à ne nécessiter de contre-forts qu'aux points de retombée des pénétrations auxquelles on peut donner un très-grand diamètre.

L'été dernier [4], MM. Gariel frères et Gausson ont fait exhausser une partie des murs goutterots, sur une hauteur de 2^m, 10, ce qui met le couronnement de ces murs au niveau de l'ex-

[1] Il ne faut pas perdre de vue que ceci s'écrivait en 1837.
[2] Aujourd'hui on en compte douze.
[3] Cette évidence s'est manifestée depuis d'une manière plus certaine encore.
[4] C'était en 1857; depuis lors on n'a cessé de cultiver le terrain mis en remblais.

trados de la voûte. Cette immense caisse (Voyez fig. 3, R. S. T. U.), a été entièrement remplie de terre qui a reçu des semences, et va donner des produits, en sorte qu'un jardin surmonte ce vaste toit.

On sera moins surpris de voir cette voûte supporter un tel poids, si l'on veut se reporter au procès-verbal, ci-avant page 14, de M. Henriot, constatant la résistance d'une portion de voûte construite dans ce genre, mais avec deux rangs de briquettes seulement, et qui a supporté un poids de 3,000 kilogrammes par mètre carré de surface, sans se rompre. *

Tous les murs de cet énorme bâtiment, ses ouvertures, entablements et corniches sont bâtis en moellons bruts, recouverts d'un enduit de Ciment qui lui donne un aspect monumental; on chercherait vainement la moindre gerçure sur cette vaste enveloppe.

Ce système de voûtes pour la construction desquelles on n'a besoin que de cintres légers, que l'on peut rendre mobiles et faire avancer au fur et à mesure de la construction, sans les démonter, doit être appliqué partout où l'on a besoin d'un vaste espace entièrement libre, et pour établir des ateliers ou magasins qui redoutent l'incendie. Il ne donne que très-peu de charge aux murs : on peut en juger par la petite voûte P (fig. 7) qui n'a que 0^m, 05 de flèche, et qui n'est point butée contre les pieds-droits, mais posée dessus. Ce couvercle d'une espèce nouvelle présente plus de solidité, quoique composé d'un assemblage de petits matériaux (trois rangs de briquettes) liés avec du Ciment, que s'il était d'une seule pièce.

La passerelle O (fig. 4), qui communique d'un four à l'autre, présente des effets non moins remarquables d'adhérence et de légèreté : elle a été construite, comme la grande voûte, sur trois rangs de briquettes; elle a 8^m, 00 d'ouverture et 0^m, 33 de flèche seulement. Elle s'appuie sur les extrémités latérales de deux ponts construits en granit concassé, à la grosseur d'un œuf, et en mortier de Ciment et sable.

Ces ponts, qui ont 0, 33 d'épaisseur seulement sur 2 mètres de largeur (fig. 3), présentent la solidité d'un rocher qui aurait pris cette forme.

Il est incontestable que ce système de ponts présenterait des éléments d'une durée beaucoup plus longue que celui dans lequel on emploie des voussures. L'effort qui a lieu aux joints des naissances, dans ce dernier système, ne se reproduirait pas dans le premier.

J'ai pris connaissance de la Notice ci-dessus, et je déclare que, dans mon sentiment, elle est l'expression de la vérité; les expériences qui ont été faites sur le *Ciment de Vassy* ont donné tous les résultats qui se trouvent détaillés dans cette Notice.

Je suis intimement persuadé que l'emploi de cette substance si énergique inspirera prochainement assez de confiance, pour déterminer les constructeurs à l'approprier à un grand nombre d'usages où il sera facile d'obtenir en même temps toute l'élégance, la légèreté et la solidité désirables.

Avallon, le 10 décembre 1837.

L'ingénieur de l'arrondissement,

E. BERTHOT.

* Le rapport de M. l'ingénieur en chef Mary, ci-après page 20, présente des résultats plus surprenants encore.

Note des Éditeurs.

GRANDE SALLE DE L'HOTEL DE VILLE DE CLERMONT FERRAND.

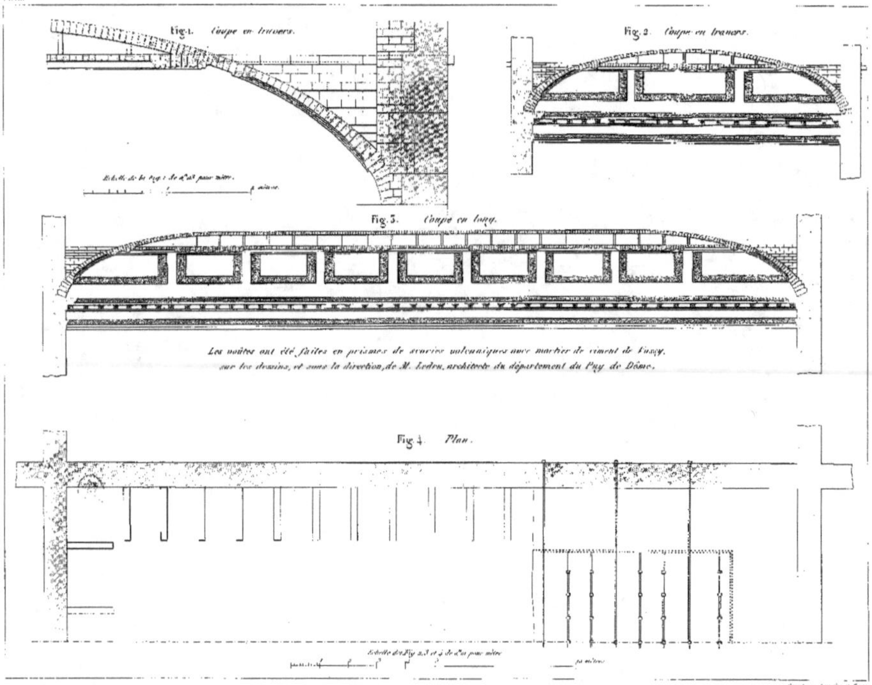
Fig. 1. Coupe en travers.
Échelle de la Fig. 1 de 0m.03 pour mètre.
Fig. 2. Coupe en travers.
Fig. 3. Coupe en long.
Fig. 4. Plan.
Échelle des Fig. 2, 3 et 4 de 0m.01 pour mètre
10 mètres

Les voûtes ont été faites en prismes de scories volcaniques avec mortier de ciment de Vassy, sur les dessins, et sous la direction, de M. Ledru, architecte du département du Puy de Dôme.

Gravé par Lemaître et Caron

NOTICE SUR LA CONSTRUCTION D'UNE VOUTE

SUR LA GRANDE SALLE DE L'HOTEL-DE-VILLE DE CLERMOND-FERRAND.

Le plan de cette voûte est un parallélogramme de 25^m, 80 sur 10^m, 40. La hauteur de sa flèche est de 2^m,00; la forme de son intrados est un ellipse. A la clef, son épaisseur est de 0^m 12, et, aux naissances, 0^m, 22; le mur de face a 0^m, 81 d'épaisseur, et le mur parallèle ainsi que ceux des deux extrémités, n'a que 0^m, 70.

Cette voûte a été construite longtemps après les murs; elle est en scories volcaniques, légères et très-poreuses. Les reins ont été fortifiés par de petits murs espacés de deux mètres et ayant 0^m, 24 d'épaisseur; on a placé en outre 8 tirants en fer de 0^m, 014 d'épaisseur sur 0^m, 07 de hauteur, qui retiennent les murs.

Le pourtour de la voûte est décoré de caissons en renfoncement. Au milieu est un plafond formant un grand caisson construit en scories comme la voûte; son épaisseur est de 0^m,06. Pour le soutenir, on a fixé dans la voûte des petits suspenseurs en fer dont les extrémités inférieures forment des nœuds dans lesquels passent des barrettes en fer plat de 0^m, 027 sur 0^m 007.

Cette construction a été faite en quatre fois; on a commencé une première travée en partant d'une extrémité; on a fait ensuite la travée attenant; puis on a décintré le tout pour reprendre la travée de l'autre extrémité; et enfin celle complétant la construction qui s'est ainsi faite avec la plus grande facilité et sans le plus léger accident.

Cette voûte présente toutes les garanties de durée désirables.

Nota. Il est très-facile de se convaincre par la construction des voûtes de l'église de Sauvigny, dont le dessin est ci-avant pl. 13, qu'on pouvait, surtout en suivant le même système de construction, très-bien se passer de retenir les murs par des tirants en fer.

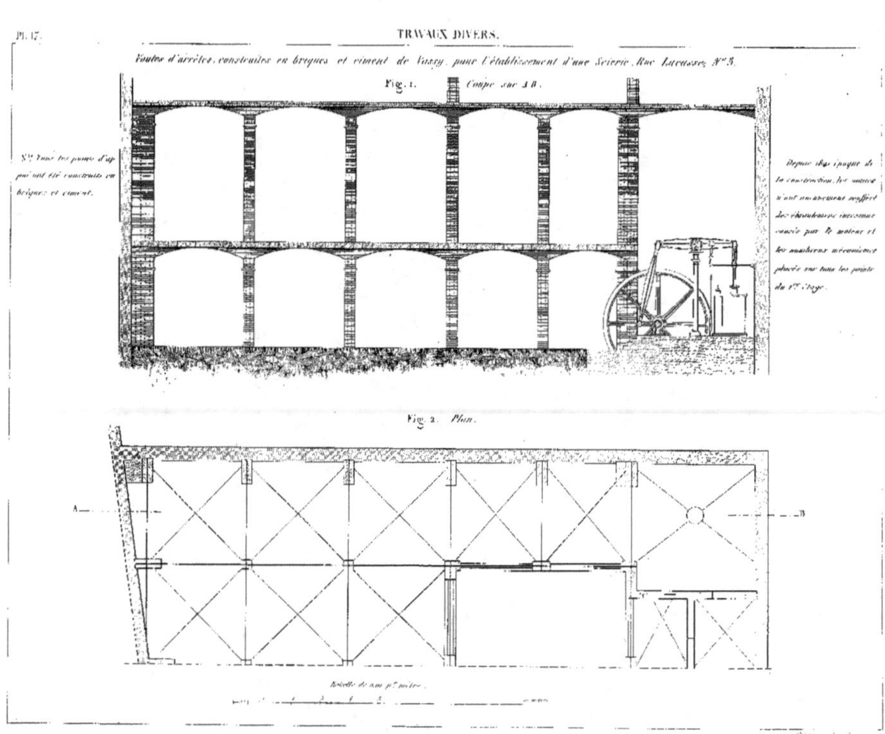

Nota. Tous les points d'appui ont été construits en briques et ciment.

Depuis cette époque de la construction, les usines n'ont un accroissement suffisant des chaudronneries incessant causée par le moteur et les machines mécaniques placées sur tous les points du 1.er étage.

CONSTRUCTION

DE DEUX ÉTAGES DE VOUTES D'ARÊTE EN BRIQUES ET CIMENT DE VASSY,

POUR L'ÉTABLISSEMENT D'UNE SCIERIE MÉCANIQUE, RUE LACASSE, 3, A PARIS.

Un incendie ayant dévoré cet établissement où existaient d'abord des planchers, la pensée de remplacer ces planchers par des voûtes fut suggérée au propriétaire, M. Facy, qui adopta ce projet.

Il fallait tout à la fois ménager l'espace, utiliser les murs fort endommagés par le feu, et par conséquent faire des voûtes qui, sans cesser d'être solides, pussent se prêter à ces deux exigences, en ôtant toutes chances à un nouvel incendie.

Ce problème a été résolu de la manière la plus satisfaisante; des points d'appui, on ne peut plus délicats, ont été construits en briques et ciment, et sur ces points d'appui les voûtes d'arête ont pris naissance.

Le 1er étage a été fait avec un rang de briques posées de champ sur $0^m 11$ de hauteur (fig. 1re) ; le 2e étage avec deux rangs de briques posées de plat, ce qui donne une épaisseur égale à celle de la voûte inférieure.

Par surcroît de précaution, quelques barres de fort feuillard ont été employées à relier entre eux les piliers qui ne recevaient aucun renfort des murs endommagés par le feu et qui, loin d'être reliés entre eux par aucune charpente, servent de point d'appui à des arceaux en fer supportant la toiture et tendant à l'écartement de ces murs.

La scierie ayant été depuis supprimée, on y a substitué des machines à peigner et filer la laine, qui, par leur mouvement, causent un ébranlement continuel. Quoi qu'il en soit, rien dans la construction des voûtes ni dans leurs frêles points d'appui n'a souffert ni même éprouvé la plus légère avarie.

Note des Éditeurs   (25 février 1845)

Fig. 1. Coupe suivant C D.

Fig. 2. Coupe suivant A B.

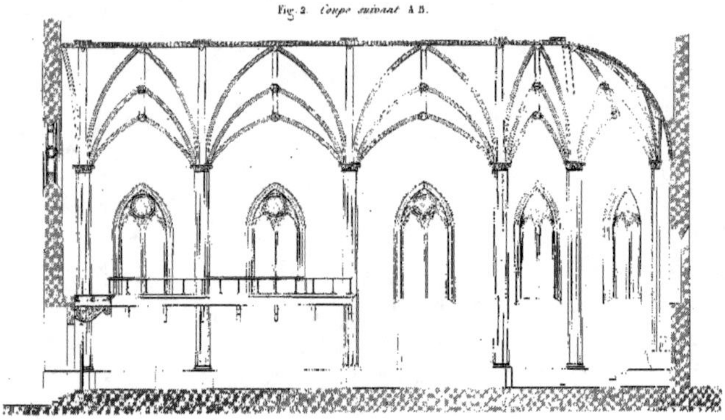

Fig. 4. Coupe de la voûte suivant E F.

Fig. 5. Plan.

Fig. 3. Plan pris à l'extrados de la voûte en E F.

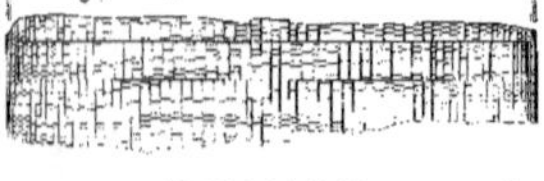

Échelle des Fig. 4 et 3 de 0.02.

Échelle des Fig. 2 et 5 de 0.005.

Imp. par Fonrouge et Dulos.

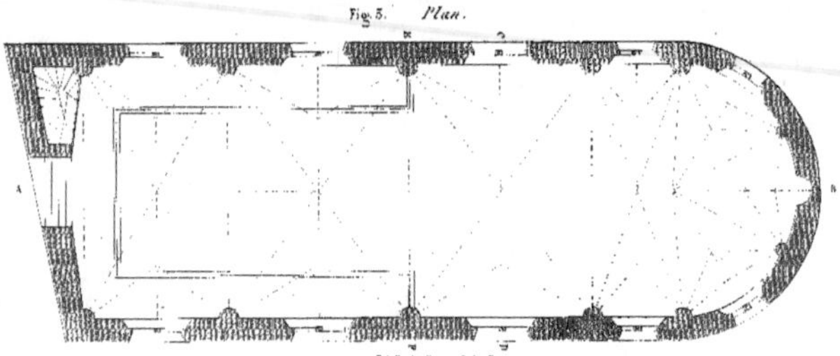

18

NOTICE

SUR LA CONSTRUCTION DES VOUTES DE L'ÉGLISE DES FRÈRES DE LA DOCTRINE CHRÉTIENNE, A NANTES.

Voici l'une des plus belles et des plus curieuses applications du système de construction de voûtes en briques posées de plat avec ciment de Vassy.

Elle est due à l'intelligence aussi haute que hardie de M. Richer, constructeur habile et qui a montré combien, avec l'excellence de nos mortiers, on peut, à notre époque, restaurer ou construire ces belles et gracieuses voûtes ogives qui font la gloire de l'architecture catholique.

On peut dire que ce système répond mieux qu'aucun autre à la pensée religieuse qui veut que la forme soit, le plus possible, dépouillée de la matière.

La ville de Nantes possède un magnifique établissement d'instruction, dirigé par les humbles Frères de la Doctrine, et qui peut, sous tous les rapports, être cité comme modèle.

L'une des premières créations de cet établissement a été une église répondant, par son étendue, à la nombreuse population de la maison, et par sa forme, à tous les sentiments pieux qui nous reportent vers un âge où la foi était si vive, la ferveur si grande, que l'art en était partout imprégné.

Quoi de plus digne en effet du sentiment religieux qui est la source du beau moral, que de l'ennoblir et le grandir encore, si cela est possible, par des œuvres d'art)

Tel a été le motif qui a inspiré les bons Frères en faisant élever un temple où ils doivent aller adorer ce Dieu qu'ils servent, et qu'ils apprennent à servir, non moins par leurs bonnes œuvres que par leurs prières.

Il est digne de remarque qu'extérieurement le vaisseau n'est soutenu par aucun ouvrage de consolidation, et que la seule épaisseur des murs suffit pour résister à la pression des voûtes et des charpentes et toiture qui les recouvrent.

Les charpentes, qui ordinairement retiennent l'écartement des murs par leurs entraits, augmentent ici la poussée faute de tirants que les ogives n'auraient permis d'établir qu'on surélevant ces murs, ce que le bon goût du constructeur, non moins que les modestes ressources des humbles Frères, ne permettaient pas.

Tout a été prévu avec une sagesse qu'on ne saurait trop louer, en faisant cette construction, car il a fallu empêcher le soulèvement de l'extrados de ces ogives, en chargeant la clef des voûtes de tasseaux qui missent en équilibre la pression et la résistance. (V. fig. 2, 4 et 5.)

Il faut espérer que l'exemple donné par M. Richer ne sera pas perdu pour l'art, et que dans un temps où, de toutes parts, se fait si vivement sentir le besoin de restaurer ces admirables monuments que la ferveur de nos pères nous a légués, les artistes qui étudient avec zèle les moyens de satisfaire pleinement ce besoin sans trop grever le Trésor ou les établissements publics, s'empareront de ce procédé économique en lui-même, et qui permet de conserver beaucoup d'ouvrages insuffisants pour résister à la pression et à la pesanteur de grosses et lourdes masses.

Note des Éditeurs   (29 février 1846).

Voûte construite sous la Cuisine de l'établissement des Frères de la doctrine chrétienne, à Nantes.

Fig. 1.   Vue perspective prise sur une Coupe faite suivant C D.

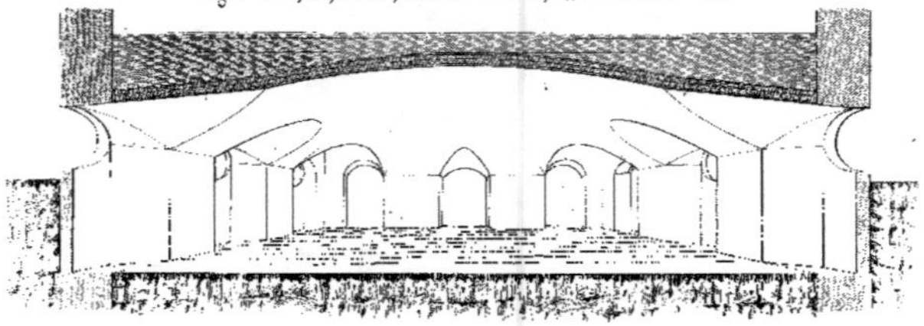

Fig. 2.   Coupe sur A B.

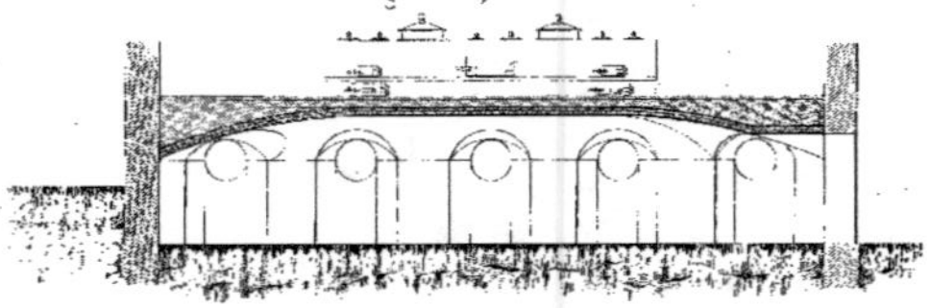

Fig. 3.   Plan.

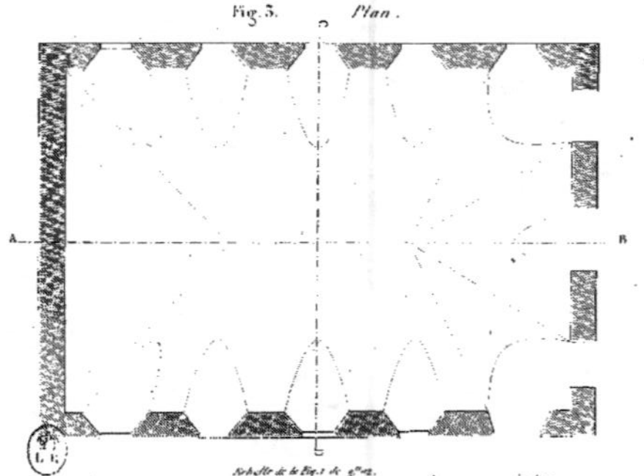

Échelle de la Fig. 1 de 0^m,02.

Échelle des Fig. 2 et 3 de 0^m,01.

Lithographie Lemaire et Carré.

Pl. 19.

VOUTES

CONSTRUITES SOUS LA CUISINE DE L'ÉTABLISSEMENT DES FRÈRES DE LA DOCTRINE CHRÉTIENNE, A NANTES.

Cette construction due à l'habileté de M. Richer est non moins remarquable, par sa hardiesse et sa légèreté, que celle de l'église des Frères.

Elle a, en quelque sorte, par ses pénétrations multipliées et ses arcs de cloître, la forme d'une aile de chauve-souris.

La faible distance d'une arête à l'autre montre assez que si l'adhérence de la brique et du ciment ne faisait pas un véritable monolithe de la voûte entière, elle n'aurait pas tenu au décintrement.

Il est bon de remarquer que sur le centre de cette voûte, de $0^m 11$ d'épaisseur et surbaissée au delà de ce qu'on peut imaginer, repose un fourneau en fonte, énorme par ses dimensions et son poids.

Le caveau rappelle presque, par sa sonorité, le fameux écho du Panthéon.

Note des Éditeurs (20 février 1849).

Épreuves faites sur la résistance de maçonneries exécutées en prismes de ciment de Vassy et meulière.

Fig. 1. Coupe d'une galerie entièrement construite en prismes de ciment et meulière, et présentant la charge d'eau à laquelle elle a été soumise.

Fig. 2. Coupe de la même galerie avec les cotes qui ont servi à déterminer la pression supportée par la maçonnerie.

Fig. 3. Coupe d'une galerie dont la voûte seulement a été construite en prismes de ciment et meulière, représentée avec la charge d'épreuve en saumons de plomb.

EXTRAIT D'UN RAPPORT DRESSÉ PAR L'INGÉNIEUR EN CHEF DU SERVICE MUNICIPAL,
SUR L'EMPLOI DU CIMENT ROMAIN DE VASSY, A LA CONSTRUCTION DES VOUTES D'ÉGOUTS.

Deux expériences ont été faites pour constater la résistance de la maçonnerie en ciment romain de Vassy, l'une sur un piédroit d'égout, l'autre sur une voûte.

Le piédroit sur lequel l'essai a été fait, est celui d'un branchement construit pour amener à l'égout de l'abattoir les eaux du puits de Grenelle (pl. 20, fig. 1re); il a été exécuté en prismes de ciment romain de 0m 13 d'épaisseur, superposés et reliés par un mortier de ciment exécuté avec le plus grand soin. Pour en éprouver la résistance, on l'a découvert de toutes parts sur 2m 00 environ de longueur, puis on a rempli d'eau l'un des côtés de la fouille a, b, c, d, (fig. 1re), tandis que l'autre côté se trouvait à peu près vide. Au moment où l'eau a commencé à surmonter l'extrados, le piédroit a cédé. Si nous cherchons quels efforts ce piédroit supportait à ce moment de rupture, nous voyons que, par l'effet de la résistance de la voûte, il se trouvait (fig. 2) dans la position d'un solide soutenu sur deux appuis et chargé d'un poids croissant de haut en bas proportionnellement à la distance de chaque point considéré à la surface de l'eau. La paroi a b était ainsi chargée, par mètre de longueur, d'un effort de $\frac{7.97+0.47}{2} \times 1\ 60 \times 1000 = 2032^k$, et les réactions en a et b étaient respectivement de 1284^k et de 738^k. Si on cherche le point de plus grande fatigue de la paroi, on voit qu'il se trouvait à 0m 60 au-dessus du point a, et, en prenant les moments des forces qui agissent sur le solide, on trouve l'équation.

$738 \times 1 - 1000 \times 0\ 970 \times 0\ 4133 = 738 - 400 - 338 = \frac{R\ e}{6}$; R étant le plus grand effort supporté par le piédroit au mètre carré de section, et e l'épaisseur du piédroit égal à 0m 12. — Effectuant les calculs on trouve $R = \frac{338 \times 6}{e^2} = \frac{2028}{0.0144} = 140,000$ kil.

Ainsi, au moment où le piédroit s'est rompu, le mortier de ciment romain supportait, par mètre carré de section, un effort à l'extension de $140,000^k$ ou de 14^k par centimètre carré, tandis que la maçonnerie de mortier ordinaire ne soutiendrait probablement pas un effort de 2 kil.

Pour éprouver une voûte d'égout exécutée en prisme, on a fait l'expérience sur un branchement nouvellement exécuté et non encore remblayé, par conséquent placé au fond d'une tranchée. On a d'abord répandu sur la voûte une couche de sable qui remplissait les reins jusques à fleur de l'extrados, puis sur le sable on a empilé des saumons en plomb de 0m 50 de longueur jusqu'à former un poids total de 21,125 kil., répartis ainsi sur 0m 50 de longueur de voûte et 1m 40 de largeur au-dessus de la voûte et des piédroits. — Dans cette position, la charge uniformément répartie par centimètre carré de surface horizontale d'extrados était de $\frac{21\ 125\ k}{1\ 40 \times 6.50} = 3^k$ environ.

Si d'après cette donnée, on cherche quelle était la charge sur chacune des parties de la voûte comprises entre la clef et chacun des trois voussoirs supérieurs au joint de rupture a, b, c, on trouve (fig. 3) que la demi-clef était chargée de 33^k; la demi-clef et la contre-clef ensemble de $94^k\ 20$; la demi-clef, la contre-clef et le voussoir suivant de 135^k.

Partant de ces données et cherchant quelle doit être la courbe formée par l'intersection de la résultante de toutes les pressions avec chacun des plans de joint, on trouve qu'elle doit suivre le tracé ponctué de la fig. 3, pour que les efforts maxima soient les mêmes aux points où la voûte est le plus fatiguée.— Il est facile de conclure du tracé de cette courbe que l'effort à l'écrasement auquel le ciment a été soumis a dû s'élever à environ 17^k.

Et cependant, malgré cette énorme charge, aucun effet ne s'est produit dans la voûte qui était alors aussi chargée que si elle avait eu à supporter plus de 20m 00 de hauteur de terre.

D'après cette expérience faite sur une voûte qui, construite depuis un mois seulement, n'avait pas acquis toute sa dureté, l'ingénieur en chef soussigné est parfaitement convaincu que les voûtes d'égouts en prismes de ciment romain présentent sur les voûtes ordinaires en meulières le triple avantage, d'être plus économiques, moins épaisses et plus étanches; et comme elles sont en outre d'une construction plus facile, il a l'honneur de proposer à Monsieur le Préfet d'en autoriser l'exécution toutes les fois que les entrepreneurs qui en seront chargés offriront les garanties désirables sous le rapport du bon emploi d'un ciment de bonne qualité.

Paris, le 22 août 1844.

MARY.

CANAUX DE L'OURCQ, DE SAINT-DENIS ET DE SAINT-MARTIN.

REJOINTOIEMENTS, ET REPRISE DE PAREMENT DES MAÇONNERIES.

Je soussigné, inspecteur des canaux de l'Ourcq, Saint-Denis et Saint-Martin pour les compagnies concessionnaires, certifie que les travaux de rejointoiement et de reprise de maçonneries ont été exécutés en ciment de Vassy sur divers points de ces canaux, et que l'emploi de ce ciment a parfaitement réussi dans ces diverses circonstances.

Ces travaux peuvent se résumer ainsi qu'il suit, savoir :

1° Des rejointoiements en ciment de Vassy ont été faits pour essai en 1838, sur les parements visibles du mur de sas, rive droite de la septième écluse du canal Saint-Martin, en même temps qu'on exécutait sur la rive gauche des rejointoiements en mortier hydraulique ordinaire ; les rejointoiements en ciment de Vassy sont encore dans un bon état, et les autres sont notablement détériorés.

2° Des reprises en sous-œuvre ont été opérées dans les murs de sas des diverses écluses du canal Saint-Denis et du canal Saint-Martin, en mêlant du ciment de Vassy au mortier hydraulique ordinaire dans la proportion de 1 sur 3 ou sur 4, c'est à-dire, une partie de ce ciment sur 3 ou 4 parties de mortier ordinaire. Les maçonneries nouvelles ainsi exécutées ont acquis, dans les douze heures, une solidité suffisante pour permettre la réintroduction des eaux ; la liaison avec les maçonneries anciennes a été telle qu'il ne s'est formé aucune fissure aux points de jonction, bien que, sur quelques parties, les reprises aient été faites sur une hauteur de sept à huit mètres.

3° Des reprises en sous-œuvre, plus importantes encore, ont eu lieu de la même manière au pont de la Boyauterie sur le canal Saint-Martin, et elles ont eu un résultat aussi satisfaisant.

4° Sur certaines écluses du canal Saint-Denis et du canal Saint-Martin, les paremens des bajoyers, construits en pierres de taille de qualités diverses, et des assises courantes en mêmes pierres dans les murs de sas présentaient de notables dégradations. Les parements détachés ont été refaits en ciment de Vassy et pierraille ; la surface a été dressée ensuite dans le plan des murs, et on a figuré les anciens joints. Il en a été de même pour des pierres de murs de chute, et tous ces ouvrages, exécutés depuis quelque temps déjà, ont résisté jusqu'ici à l'action des eaux, comme au frottement des bateaux.

5° Il a été fait, enfin, des réparations assez importantes dans les radiers des écluses, comme dans le radier du canal Saint-Martin, et la réintroduction des eaux a suivi immédiatement l'achèvement des travaux sans qu'il en soit résulté aucune dégradation nouvelle.

Par ces motifs, le soussigné ne balance pas à déclarer que l'emploi du ciment de Vassy mêlé avec sable ou mortier dans diverses proportions convient parfaitement, selon lui, pour rejointoiements, reprises en sous-œuvre, réparations de parements en pierre de taille et autres réparations de travaux d'art hydrauliques.

Paris, le 30 juin 1844.

G. VUIGNER.

GÉNIE MILITAIRE.

22

PLACE DE VINCENNES.

Le capitaine-commandant du Génie dans la place de Vincennes, soussigné, certifie que l'enduit ou *Ciment de Vassy*, appliqué en juin 1837, par les ouvriers de la société Gariel frères et Garnier, sur la partie *nord-est* du perré du Donjon de Vincennes, fait en meulière, a parfaitement résisté à l'hiver de 1837 à 1838, et qu'il protège complétement ledit perré contre les intempéries. La couleur de cet enduit tire sur le jaune et se rapproche de la couleur ordinaire de la pierre.

Vincennes, le 1ᵉʳ avril 1838.

LEMOINE.

Le capitaine du Génie soussigné, certifie que la Société Gariel et Garnier, formée pour l'exploitation du ciment romain de Vassy-lez-Avallon, a fait exécuter, en juin 1837, dans la place de Vincennes, les enduits d'une partie du perré rachetant le pied du mur de clôture du donjon avec le fond du fossé ; que ces enduits, appliqués sur parements en meulière, sont encore aujourd'hui dans un parfait état de conservation sur tous les points de leur surface, évaluée à plus de deux mille mètres carrés; et qu'ils ont acquis une dureté comparable à celle des bonnes pierres.

Vincennes, le 6 janvier 1844.

A. MAHÉ, capitaine du Génie.

Vu par le lieutenant-colonel du Génie en chef,

BREISTROFF.

FORT DE CHARENTON.

Les ouvrages dont le détail suit ont été exécutés en ciment de Vassy au fort de Charenton, savoir :

1° Le rejointoiement de 4 à 5 mille mètres carrés de parements d'escarpe.
2° Des tuyaux de cheminée et d'aérage.
3° Des caniveaux.
4° Des scellements en grand nombre.

REJOINTOIEMENTS.

Les rejointoiements des escarpes ont tous été exécutés en 1842, et bien qu'ils aient subi l'épreuve de deux hivers, ils ne présentent pas la plus légère altération.

Cet excellent résultat me porte à penser que *lorsque le travail est confié à des ouvriers soigneux et exercés*, ainsi que cela a eu lieu au fort de Charenton sous les yeux de M. Garnier lui-même, l'emploi du ciment dans les rejointoiements est l'un des meilleurs qu'on puisse en faire, et que cette matière est éminemment propre à assurer une longue durée aux maçonneries.

RADIERS.

Les radiers dont il s'agit ont été construits en maçonnerie de pierres meulières, et recouverts d'un enduit en ciment.

Exécutés depuis deux ans, ils sont dans un état parfait de conservation.

TUYAUX D'AÉRAGE, CANIVEAUX.

Ces tuyaux ou caniveaux sont formés de prismes fabriqués avec du ciment et des fragments de moulière. Ce sont des pierres factices auxquelles on fait prendre, au moyen de moules et de mandrins, toutes les formes dont on peut avoir besoin. L'énergie du ciment donne à ces pierres une grande solidité, et, là où elles n'auraient point de chocs ou de très-fortes pressions à supporter*, elles pourraient être substituées à la pierre de taille, et seraient beaucoup moins coûteuses que cette dernière.

En résumé, le ciment de Vassy, dans la très-grande majorité des cas où je l'ai employé, m'a donné les résultats les plus satisfaisants ; et j'ai souvent regretté que le prix auquel les propriétaires sont forcés de le maintenir m'ait empêché d'en faire un usage plus fréquent et plus étendu.

Fort de Charenton, le 12 janvier 1844.

Le Chef de bataillon du Génie, en chef,
OLLIVIER.

* On peut voir par le rapport de M. l'Ingénieur en chef Mary, page 20, combien les mortiers et pierres factices en ciment de Vassy résistent aux plus fortes pressions.

Note des Éditeurs.

PLACE DU HAVRE.

Je soussigné lieutenant-colonel, chef du Génie dans la place du Hâvre, certifie que le ciment de Vassy, fourni par MM. Gariel et Garnier, et dont on s'est servi pour la réparation des écorchements de la tour François Ier, a parfaitement résisté depuis l'année 1841, époque de l'emploi de ce ciment.

Hâvre, le 10 avril 1844.

BLÉVEC.

ENDUIT

FAIT A L'INTÉRIEUR DES CAVES DE LA MANUTENTION DES VIVRES A PARIS.

Je soussigné certifie que j'ai fait faire, l'année dernière, un crépissage dans une des caves de la manutention de Paris, dans le but d'empêcher l'humidité d'y pénétrer ; la moitié du crépissage a été fait en Ciment de Pouilly, et l'autre moitié en *Ciment de Vassy* ; ces deux Ciments ont été traités de la même manière. Je n'ai trouvé aucune différence entre ces deux Ciments, quant à la promptitude avec laquelle ils durcissent, elle m'a paru être la même que celle du Ciment Parker et des Galets de Boulogne ; les Ciments de Pouilly et de Vassy me paraissent avoir au même degré la propriété d'être éminemment hydrauliques, et peuvent être employés avec un grand avantage dans un grand nombre de travaux. Le *Ciment de Vassy* a l'avantage de présenter à l'œil une couleur agréable, tandis que celui de Pouilly est d'un rouge foncé, peu agréable, comme le Ciment Parker et les Galets de Boulogne. J'ajouterai que dans le crépissage que j'ai fait exécuter, le Ciment de Pouilly a présenté un grand nombre de gerçures, tandis que celui de Vassy n'en a présenté qu'une seule qui était à peine visible ; je n'ai pas pu déterminer quelles ont été les causes de ces gerçures dans le Ciment de Pouilly qui se trouvait dans les mêmes circonstances que celui de Vassy, lequel n'a point présenté cet inconvénient.

Paris, le 8 août 1833.

Le Maréchal-de-camp, Inspecteur du Génie,
C. TREUSSART.

HOTEL ROYAL DES INVALIDES.

RESTAURATION DES TERRASSES DU DOME.

Paris, le 26 juillet 1844.

Monsieur,

Vous me demandez de vous donner un certificat sur l'emploi de votre ciment dans la restauration des terrasses du dôme des Invalides ; je souscris d'autant plus volontiers à votre demande, que je suis très-satisfait de vous avoir confié cette importante restauration.

Je certifie donc que les travaux exécutés par vous et M. Gariel, en 1841, sur les terrasses du dôme des Invalides et qui ont consisté dans la réfection d'une grande partie des joints et dans le remplacement de plusieurs parties de pierres défectueuses, ont parfaitement réussi.

J'avais depuis longtemps fait l'emploi de votre ciment, mais dans des soubassements ; son emploi, cette fois, sur des terrasses élevées et exposées à toute l'ardeur du soleil, m'a convaincu qu'on peut s'en servir avec succès dans tous emplacements, lorsqu'il est appliqué par des ouvriers expérimentés.

J'ai l'honneur d'être, Monsieur, votre très-humble serviteur,

AUG. ROUGEVIN,
Architecte de l'hôtel des Invalides.

M. Garnier (maison Gariel et Garnier), propriétaires du ciment de Vassy-lez-Avallon.